1分钟书系

IVL瑞典环境科学研究院　编著

1分钟科普

从无废城市到碳中和

Life Cycle Thinking
from Zero-Waste City
to Carbon Neutrality

上海交通大学出版社
SHANGHAI JIAO TONG UNIVERSITY PRESS

内容提要

本书是一部面向大众读者介绍垃圾管理和无废城市建设的科普读物。全书以问答的形式展开，详尽梳理了垃圾管理的历史、现状及国际管理先进经验，并就垃圾收集、清运、回收和末端处理全流程的科学知识和先进技术进行了普及，介绍了国内外无废城市建设的相关案例，讲解碳中和与无废城市的紧密联系，以及有关生命周期评价等内容。全书共 8 章，包括认识垃圾、垃圾的分类、生活垃圾处理方法的优先等级、垃圾再回收与利用、垃圾变能源、垃圾填埋、城市案例，以及垃圾处理与碳中和。

本书适合对垃圾管理感兴趣的广大读者阅读。

图书在版编目 (CIP) 数据

1 分钟科普：从无废城市到碳中和 / IVL 瑞典环境科
学研究院编著 . -- 上海：上海交通大学出版社，2024.12
（1 分钟书系）
ISBN 978-7-313-24253-2

Ⅰ. ①1… Ⅱ. ①I… Ⅲ. ①环境保护–青少年读物
Ⅳ. ①X-49

中国版本图书馆 CIP 数据核字 (2021) 第 273919 号

1分钟科普：从无废城市到碳中和
1 FENZHONG KEPU: CONG WUFEI CHENGSHI DAO TANZHONGHE

编　　著：IVL 瑞典环境科学研究院
出版发行：上海交通大学出版社　　　　　地　　址：上海市番禺路 951 号
邮政编码：200030　　　　　　　　　　　电　　话：021-64071208
印　　刷：上海文浩包装科技有限公司　　经　　销：全国新华书店
开　　本：880mm×1230mm　1/32　　　印　　张：8.25
字　　数：224 千字
版　　次：2024 年 12 月第 1 版　　　　　印　　次：2024 年 12 月第 1 次印刷
书　　号：ISBN 978-7-313-24253-2
定　　价：68.00 元

编 委 会

编 辑 单 位

IVL 瑞典环境科学研究院

中国家用电器研究院

中央民族大学附属中学呼和浩特分校

前　言

随着经济社会的迅猛发展和城市的高速建设，世界上越来越多的国家面临着资源和环境冲突的问题。其中，城市生活垃圾给很多城市带来了不小的管理难度，很多城市也因此遭遇或曾经遭遇"垃圾围城"的窘境。垃圾问题不仅让城市管理者头疼，给市民的日常生活带来困扰，甚至还会阻碍城市的向前发展。在中国城镇化的推进过程中，垃圾产生量也逐年增加，一些大城市由此得了"城市病"。因此，解决城市生活垃圾问题是帮助城市持续发展的重要手段，更是可持续发展的重要保障。

国际上发达国家的很多大城市都得过"城市病"，但随着经济、科技和教育的发展，这些城市逐渐用各种手段缓解甚至解决了问题，摆脱了垃圾困局。例如，瑞典从 50 年前就开始分阶段进行科学有效的垃圾管理手段，将垃圾变成材料、能源等形式的资源进行利用。现在瑞典是世界上垃圾填埋率最低的国家，瑞典甚至还会从海外进口垃圾用来焚烧发电并向其他国家收取垃圾处理费，将垃圾做成了绿色产业。德国、日本等国家也是近现代垃圾管理的佼佼者，不仅不断在应用垃圾管理的最新技术，也有着丰富的管理经验和先进理念。这些国际上的宝贵经验都值得参考和学习，帮助中国有效打破"城市病"的困局。

在国际上垃圾管理水平不断提升的同时，"无废城市"的建设也被提上了日程。无废城市的概念源于"零废弃"（zero waste）一词，是 20 世纪由美国化学家保罗·帕尔默（Paul Palmer）提出的，最初用于回收化学品的原料。随着人们对全球环境的关注，"零废弃物"的理念逐渐延伸并应用于各国的废物管理领域。世界银行的报告中提到，2016 年全球产生的固体废弃物量达到 20.1 亿吨，如果不采取紧急措施，到 2050 年全球固体废弃物产生量将增加 70%，达到 34 亿吨，地球将不堪重负。在城市化进程加速和人口持续增长的压力下，构建"零废弃"社会已经成为全球的共识。1995 年，澳大利亚首都堪培拉成为世界上首个官方宣布设立无废城市目标的城市。随后，瑞典的斯德哥尔摩、美国的旧金山、新加坡的新加坡市等也纷纷加入无废城市建设的行列，日本提出了国家层面的相关政策，欧盟也制定了垃圾减量的相关目标，联合国更是设定了可持续发展 2030 的长远规划。这些进展与经济和科技的发展分不开，更与多年的环境教育密不可分，例如瑞典和日本都有着 30 年以上的环境教育征程，才取得了今天全民热衷环保的成就。

当然，不仅要学习国外的经验，更要结合本国的实际情况，探索出一条自己的垃圾管理道路。2018 年 12 月，国务院办公厅印发《"无废城市"建设试点工作方案》，正式开始无废城市的建设工作，表明中国要持续推进固体废物源头减量和资源化利用，最大限度减少填埋量。这几年，"你是什么垃圾？"和"猪都不能吃的就是有害垃圾！"等戏谑式的说法逐渐出现在大家的生活中。"垃圾分类""无废城市""绿水青山就是金山银山"的理念人们也不再陌生。可以说，中国各个城市已经在探索适合自己的垃圾管理方式了。但在城市探索初期仍然存在一些困惑和难点，有时市民也不知道一些政策的意义与价值。比如，无废城市就是没有垃圾的城市吗？垃圾分类和无废城市有什么关系呢？垃圾管理做得好的城市是什么样的？怎样才能做到垃圾减量和垃圾资源化呢？国外建设的智慧城市很多时候也囊括了无废城市的概念，那么中国的无废城市建设又有什么亮点呢？

"碳中和"可谓是 2021 年初被写入中国"十四五"规划中的一大热词，但是碳中和到底是什么，又和无废城市有何关联呢？

同时，在无废城市和垃圾管理的实践中，生命周期思维（life cycle thinking, LCT）的应用尤为重要。生命周期思维是一种系统而全面的思维方式。其中生命周期评价（life cycle assessment, LCA）与生命周期成本分析（life cycle cost analysis, LCCA）便是生命周期思维的两个实践应用。2023 年 11 月 8 日，由瑞典环境科学研究院、中国标准化协会和中华环保联合会等机构共同发起，中国家用电器研究院等多家机构参与的《生命周期思维国际行动倡议》，旨在将生命周期思维融入"低碳、环保和可持续性"领域。该倡议通过建立和融合标准化体系，剖析生命周期思维的应用场景和原则，帮助企业和城市实现高效、低碳发展，同时减轻环境、经济和社会的压力。比如，通过生命周期评价，可以详细分析产品和服务的生命周期，识别出每个阶段的环境影响。这种方法不仅揭示了资源使用和废物产生的关键环节，还为优化资源管理提供了数据支持，从而推动无废城市的实现。生命周期思维强调资源的最优利用和废物的最小化，鼓励减少原材料的消耗、提高产品耐用性和促进循环利用。比如，通过推广废物分类和回收，可以减少填埋和焚烧处理的需求，从源头上减少垃圾的产生。此外，生命周期思维为政策制定提供了科学依据，支持政府和行业组织制定合理的环境法规和行业标准，促进行业间的协作和最佳实践的分享。在垃圾管理领域，通过明确可回收物、可堆肥物和有害垃圾的分类标准，提高垃圾处理的效率和环保性。生命周期思维倡议还强调了国际合作的重要性，通过建立生命周期联盟与平台，促进中外合作和知识分享，推动全球范围内的标准融合与互认。这些努力将推动资源利用效率的提升，减少环境污染，促进经济和社会的可持续发展，为实现更环保、更健康的城市生活提供支持。

本书是一本面向青少年等大众读者介绍垃圾管理和无废城市建设的科普读物。本书以问答的方式，详尽梳理了垃圾管理的历史，总结了国际上垃圾管理的先进经验，并对中国现行的垃圾管理方法进行分析，普及垃圾收集、清运、回收和末端处理全流程的科学知识和先进技术，介绍无废城市建设的相关案例，讲解碳中和与无废城市的紧密联系，帮助青少年及广大读者了解有关城市生活垃圾的一切，解决大家对于"垃圾从哪里来，到哪里去，如何变废为宝"等一系列困惑。书中涉及的物理、化学及生物知识均为基础水平，深入浅出地帮助青少年了解到课本上所学内容在实际生产生活中的具体作用，激发青少年对学习理化知识、保护环境的兴趣，让下一代可以更好地参与无废城市的建设和保护地球的进程。

本书的主要内容有：第1章介绍垃圾是什么，总述垃圾管理的历史并引入现代垃圾管理面临的问题，让读者认识垃圾并了解垃圾；第2章介绍生活垃圾的产生和分类，并比较各国垃圾分类的异同，介绍无废城市的垃圾分类经验；第3章介绍生活垃圾管理的优先等级，分析垃圾管理如何助力无废城市的建设；第4章讲解如何从生活垃圾中回收可用的材料，减少废弃物的产生；第5章科普如何用垃圾生产能源并给城市供能；第6章介绍垃圾填埋的有关知识，叙述如何减少垃圾流向填埋场的方法；第7章介绍无废城市的优秀案例；第8章讲解垃圾资源化产业如何助力碳中和，引入了生命周期的概念，让大家对生命周期有一个初步的了解。

　　本书在编写过程中力求完善，但限于作者知识结构和水平，若书中存在不足和纰漏之处，恳请广大读者批评指正。感谢本书编写过程中所有给予支持与帮助的机构和专家，感谢教育部"研学实践教育基地"项目的支持。另外，本书在编写中引入了少年编委，根据他们的试读反馈，对内容进行了针对性调整和语言润色，力求更贴合青少年读者的阅读习惯。希望本书能够启发广大读者对城市生活垃圾、无废城市、碳中和及生命周期思维有更多的了解，对环境保护和生态文明建设能尽自己的一份力。

目　录

第3章　生活垃圾处理方法的优先等级

第4章　垃圾再回收与利用

第5章　垃圾变能源

第6章　垃圾填埋

第7章　城市案例

第8章　垃圾处理与碳中和

第1章
认识垃圾，了解垃圾

　　我们每天都在产生垃圾、丢弃垃圾，垃圾是我们日常生活中不可缺少的一部分，我们也早已习以为常。

　　但是，垃圾到底是什么？垃圾又是怎么产生的呢？垃圾会对环境有什么样的影响？古人又是怎么处理垃圾的？我们现在又是怎么处理垃圾的？

　　这一章，我们就先来回答这些"小问题"，从认识垃圾和了解垃圾出发，开启有关垃圾的科普之旅。

1. 垃圾到底是什么？

　　"垃圾我收拾好了，一会儿出门记得把垃圾倒一下啊！"

　　类似这样的嘱托经常在我们的家里出现，我们也常把"垃圾"这个词挂在嘴边。在听到或说出这个词的时候，我们似乎从来都不会迟疑，也不会思考一下这个词所表达的意思。对绝大多数人来说，使用"垃圾"这个词就像使用"米饭""鼠标""日历"这些词一样寻常。

　　但是，你可以说出垃圾的定义吗？你理解的垃圾是什么？垃圾又包括什么东西呢？这些问题看似简单，但也许你并不能不假思索、毫不迟疑地说出答案。仔细想想，要回答这样的问题，还是需要琢磨一下的。

小E课堂

从基本词义上来讲，垃圾最初指的是"身边散落的土粒或土块"，这是从"垃圾"二字的偏旁和部首组成的字形发展出的含义。这个基础词义直到现在人们还在使用，比如一些垃圾处理前线工作者还把倒垃圾称为"卸土"。现代汉语对"垃圾"一词在词义上进行了引申，现在我们日常交流中使用的"垃圾"一词一般指"要废弃的无用之物或肮脏破烂的东西"。

生活中，当一件物品失去使用价值的时候，它就可能被当作垃圾来处理。比如说，用过的纸巾、用完墨的签字笔、零食的包装袋、破碎的瓷碗、破损的家具以及蔬菜瓜果的残枝果皮等都是我们生活中最常见的垃圾。这些垃圾放在家里不仅占地方，还可能带来其他风险，比如瓷碗的碎片可能会划伤手，残枝果皮放久了可能会滋生细菌、招来蚊虫等。因此，我们要定期清理垃圾、丢弃垃圾，保证家里干净整洁的居住环境。

当然，不同的人对垃圾的判断标准可能也不同。举个简单的例子：我们儿时穿的衣服现在早已穿不上了，对我们来说这件衣服可能就没有用了、可以扔掉了，于是在我们看来这件衣服就已经可以算是垃圾了；但是我们可能有个正在上小学的弟弟或妹妹，家人觉得这件衣服还算比较新也很干净，正好适合这个小朋友来穿，所以这件衣服对他们来说就不算是垃圾，而是一件可以继续使用、具有一定使用价值的物品。

经过上面的思考和讨论，我们可以简单地总结一下垃圾的定义：垃圾是对我们来说失去使用价值的物品，我们认为这一类物品可以被废弃了。与此同时，不同的人可能会对垃圾的理解也不太相同，一些在我们看来无用的废物对别人来说或许还是十分有价值的物品。

鉴于每个人对垃圾的认知不同，我们给出了几个权威机构对垃圾的定义，作为我们判断一件物品到底是不是垃圾的参考：

根据联合国统计司在《环境统计词汇表》中的定义，垃圾属于固体废物，而废物（waste）是指"属于生产者就其自身的生产、转换或消费目的而言不再有任何用途，而想要处理的非主要产品（即为投放市场而生产的产品）的物料。废物可产生于原材料的提取、原材料加工成中间产品和最终产品、最终产品消费和其他人类活动期间，在产生地再循环或再利用的残积物除外"。

中国生态环境部发布的《固体废物鉴别标准 通则 GB 34330—2017》中的垃圾（固体废物）是指"在生产、生活和其他活动中产生的丧失原有利用价值或者虽未丧失利用价值但被抛弃或者放弃的固态、半固态和置于容器中的气态的物品、物质以及法律、行政法规规定纳入固体废物管理的物品、物质"。

欧盟的《废物框架指令》（Waste Framework Directive, WFD）对垃圾的定义是"持有人丢弃或打算丢弃或被要求丢弃的任何物质或物品"。

由此看来，各个权威机构对垃圾和废物的定义虽然大同小异，但也不尽相同。这么来看，垃圾的定义的确是不断变化的。相对于"米饭""鼠标""日历"这些用来客观描述具体事物的词语，"垃圾"更像是一个概念，这个概念会随着客观条件变化和主观观念改变而变化。

作为一本"垃圾"科普书，我们将由浅入深地介绍关于垃圾的一切。此处我们先做出一个"预言"：在读完本书后，你会发现生活中其实没有什么真正意义的垃圾，原来绝大多数的"垃圾"都是有价值的资源啊！

小 E 提问

现在，你可以说出垃圾到底是什么了吗？你认为家里哪些物品可归为垃圾？有没有你之前认为是垃圾的物品，但现在觉得它们仍然有利用价值的呢？

2. 为什么会有垃圾的产生？

在上一个问题中，我们已经探讨了日常生活中所说的垃圾是什么，也介绍了垃圾的定义。那么，为什么会有垃圾的产生呢？这个问题看似很简单，因为东西用坏了、用旧了或是没用了，人们常规的想法就是"这些东西总是要扔掉的"。但其实这是一个十分值得我们去深入讨论的问题，因为它不仅与我们的日常生活息息相关，还涉及自然界的运行规律，也与人类活动和生态环境密切关联。

我们先思考一下："如果没有人类活动，大自然会有垃圾产生吗？"

为了回答这个问题，让我们先从生态系统说起。在自然界，生态系统由生产者、消费者和分解者构成。简单来讲，生产者的角色多由植物来承担。植物在可见光的照射下进行光合作用，可以将无机物转化为有机物，比如将二氧化碳转为有机物并释放出氧气。在这个过程中，植物从无机物中获得能量，维持自己的生命并进行生长。消费者一般是动物，因为动物无法像植物那样通过光合作用自行制造有机物，它们必须从外界获取营养物质来维持生命活动。例如，人类不能依靠吃土获取所需营养，但我们可以直接或间接地从植物中获取能量。我们可以食用蔬菜等植物性食物，也可以通过食物链的传递，食用以植物为食的动物，如人吃牛、牛吃草，从而间接地从植物中摄取营养，以维持自身的生命运转。像是我们可以通过直接吃蔬菜活下去，或者人吃牛、牛吃草，我们相当于间接地摄入了植物，以此来维持生命。分解者一般由细菌或真菌来担当，也有一些原生动物和腐食性动物担当这个角色。分解者通过分解植物和动物中的有机物获得养分，有机物在这个过程中被转化为无机物回到环境中。生活中我们可能会碰到食物发霉腐烂的情况，这就是真菌在作为分解者工作了，还有像屎壳郎滚屎球、秃鹫吃动物尸体，它们都是在扮演分解者的角色。因此，从生态系统的角度看，生产者、消费者和分解者可以构成一个循环。

从物质守恒的角度看，地球上物质的总量是不变的，只是以不同的形式存在于自然界中。我们知道，物质不会凭空出现，也不会突然消失。举个例子，自来水用来洗碗以后会被当作废水排进下水道，但水还是水，只是水中多了一些别的成分；冰融化后形成水，水蒸发形成水蒸气，水蒸气在空中形成云朵通过降雨回到地面，在寒冷地区又重新凝结成冰，在整个物理变化过程中，H_2O（水的分子式）的总量是一定的；水也可以被我们饮用，进入我们的身体帮助我们实现各种生理功能，其中涉及不少化学变化，水可能会变成其他形式的物质，但由水提供的氢原子（H）和氧原子（O）的总量是一定的。这些过程构成了物质循环。

综合考虑，由生产者、消费者和分解者构成的循环让物质以不同形式存在于自然界中，构筑了生态平衡，也形成了生命的循环。树木抽出新芽长出嫩叶，嫩叶被小鹿吃掉，经消化后再排出体外，粪便可以作为树木的肥料变成滋养树木的养分。可以说，自然界中是没有垃圾的，因为对大自然来讲，闭环的生命循环使所有的物质都是可用的、有价值的，并没有废物的产生和存在。

结合在上一个问题中探讨的内容，我们发现垃圾其实是一个由人类定义的相对概念，也就是说垃圾是人类发展的一类"副产品"，是人类制造的废物。人类的独特天赋即是制造工具和发明创造，但很多由人类创造的物品并不能被生态循环消费和分解。因此，人类社会近现代的工业化发展影响了生态平衡，使得自然界开始面临前所未有的挑战。举个例子：常见的塑料吸管我们可能用一次就扔掉了，但是塑料吸管的自然降解时间可能达到 500 年之久。换句话说，如果塑料吸管被随意丢弃到自然环境中，可能要花 500 年才能被自然降解，吸管里的物质才能重新进入生态循环。对于人类有限的生命和巨大的发展需求来讲，500 年实在太长了，我们等不起这个漫长的自然降解时间。因此，这一类难以被自然分解或是需要极长降解时间的物品，我们一般认为它们并不处于自然生态循环之中。

这么来看，人类生产制造新物品导致我们现在有了一个脱出自然生态循环的"链条"，链条的终点是"无处可去"的废物。这些由人类制造的新物品经常用后即弃，不能及时地通过生态系统分解消化，就成了垃圾。就像 19 世纪美国著名诗人沃尔特·惠特曼（Walt

Whitman）说过的那样：

The earth gives all of us the essence of matter, and in the end, it gives back the garbage from people.

大地给予所有人的是物质的精华，而最后，它从人们那里得到的回赠却是这些物质的垃圾。

因为地球资源的有限性，我们不能让垃圾无止境地增加。为此，我们不仅需要减少垃圾的产生，还要用我们人类的方式对垃圾进行处理和分解，将断裂的链条连接、和自然生态循环衔接，形成我们人类自己的人造物的循环。

小E提问

你知道的生产者、消费者和分解者都有什么？我们断裂的人造物"链条"是因为缺少了这个循环中的哪个环节才导致大量垃圾的产生呢？

3. 垃圾对环境会产生什么影响？

依靠我们的日常生活经验和科学知识基础，我们可以说垃圾对环境是一定会产生影响的，并且这些影响一般都是负面的。垃圾对环境的影响主要体现在以下五个方面：

（1）对土地的影响

垃圾如果直接堆放在裸露的土地上，会污染土壤。土壤中本身含有许多的细菌、真菌，一些动物也生活在土壤中，土壤还是植物根系的所在处，具有自己的小环境生态平衡。如果未经处理的垃圾长期堆放在土地上，可能会使垃圾中的有毒有害物质随着雨水一起进入土壤，造成土壤的污染。堆放垃圾还可能会改变土壤的结构，威胁到土壤的生态平衡。比如，长期堆放垃圾的土地可能会寸草不生，这样的土壤也难以修复，很难再次利用。另外，不仅仅是堆放垃圾的这一小块地方可能会遭到污染，土壤污染的面积还会随着雨水和地下水的流动而扩大，造成更大规模的土壤污染。

同时，堆放垃圾也十分占地，有时还会侵占农田。垃圾堆放是需要占用土地面积的，虽然中国的国土面积很大，但可用的土地仍然是有限的。如果不对垃圾堆放进行管控，一些可用于农牧业的土地也可能会被垃圾侵占，造成土地资源的浪费。

（2）对水的影响

垃圾的堆放可能会造成水体的严重污染。降雨时，地面上的涓涓细流可能会将垃圾中的有毒有害物质带入附近的小溪、水井，甚至江河湖泊中，造成水体的污染。水体污染可能会导致水生动植物的死亡，破坏水生态平衡。同时，垃圾在雨水的冲刷下，有害物质随着雨水进入地下，还可能造成地下水的污染。另外，如果直接将垃圾堆放在水边或倾倒到水体中，或许会对水体造成更加严重的污染。

水体的污染不仅对附近的动植物来说很危险，对我们人类的健康也是潜在的威胁。如果有人喝了未经处理的被污染的水，可能会诱发疾病甚至导致死亡。那么，如果我们不喝河里的水不就没有危险了吗？这的确是一个明智的举措，对自己是很好的保护措施。但是，水体附近的植物可能会吸收被污染的水，动物可能也会喝被污染的水，一些有害物质就能积累在动植物体内。我们人类要吃肉、吃菜、吃粮食，动植物体内的有害物质可能就会随着我们进食消化进入我们体内，对我们的身体健康造成威胁。

（3）对空气的影响

垃圾对空气造成的影响主要体现在空气污染和散发气味两方面。一方面，在刮风时，堆放的垃圾可能会被风吹走，垃圾中的一些颗粒也会扩散到大气中，对大气造成污染。比如雾霾就是由可吸入颗粒物造成的，其中一部分颗粒物可能就源于堆放的固体垃圾。

同时，堆放的垃圾也可能产生有毒气体，有毒气体扩散到大气中可能会对周边的动植物甚至人类带来危险。另一方面，堆放垃圾的地方一般都会比较臭，相信大家都不愿意靠近小区附近的垃圾站吧，更不必说露天堆放垃圾的地方了。垃圾堆如果失火的话，也可能产生有毒有害气体或者散发出刺鼻的气味，对空气造成污染。

（4）对公共卫生环境的影响

未经处理的垃圾在堆放时还会对公共卫生环境带来隐患。堆放垃圾本身就会影响到市容市貌，让城市显得不够干净整洁。垃圾中的有毒有害物质进入环境、造成污染后，还可能会给周边居民的健康带来威胁。如果医疗垃圾也未经处理混入普通垃圾（市政垃圾）中，可能会造成疾病的传播。如果建筑垃圾、工业垃圾混入普通垃圾中，混合垃圾可能会产生一些化学反应，反应后的产物会危及人类健康。另外，长期堆放的垃圾还可能会吸引苍蝇、蚊子、老鼠、蟑螂，给公共卫生管理工作增加负担。

（5）构成公共安全隐患

随意堆放的垃圾堆可能会导致自燃、爆炸或塌方等事故。垃圾堆产生的事故可以说是层出不穷。2004 年，江阴市的一个垃圾堆放站爆炸，造成 7 人当场死亡的惨剧。2018 年 4 月，武汉市一个小区的垃圾堆着火后突然爆炸，爆炸击飞了垃圾堆中的金属罐并击中一位路过的小区居民的脸，使得受害者的左脸几近毁容。垃圾塌方事故也时有发生。2000 年菲律宾曾经发生了一起严重的事故，马尼拉的一处垃圾场出现滑坡塌方，导致附近的数百座棚屋被掩埋。塌方现场随即发生了火灾，加重了灾情，最终导致 100 多人死亡。2018 年 7 月，云南省的两兄弟在放牛时，被压在因连日降雨而塌方的垃圾山下。由此看来，不经管理的垃圾堆会给公共安全造成威胁。

小E提问

你在生活中有没有感受到垃圾对周围环境的影响呢？

4. 中国历史上各朝代是如何管理和处理垃圾的？

　　既然有人就会有垃圾，垃圾又对环境有这么多恶劣影响，那么，古时候的人们是怎么管理垃圾的？他们真的会进行垃圾管理吗？

　　很多人可能觉得垃圾分类和垃圾管理是现代才有的城市治理手段，其实不然，从古代开始，人类就在实践探索垃圾处理的方法了，也摸索出了适合不同时代的垃圾管理办法。当然，因为经济条件和科技发展的限制，古代的垃圾成分远不如现在的复杂。那时的垃圾一般以厨余垃圾为主，也有废铜烂铁、土石木渣、破布粪便等其他垃圾。古时物资相对匮乏，古人生活极为节俭，东西基本上是用到实在用不了了才会扔，所以垃圾的产量相对于现在也少很多。但是随着各地人口的增加和城市的发展，垃圾管理逐渐成为城市管理的重要一环。

　　这一节我们从垃圾处理方法、管理方法和相关法律的角度，随着我国的历史发展脉络给大家介绍中国各个时期的垃圾管理措施，其中不乏很多有趣又"有味道"的故事。

（1）商周时期

　　○　商朝

　　商朝时，人们就已经具有垃圾管理的意识了。商朝初期的科技和经济发展还在起步阶段，那时的垃圾成分很单一，基本以不可食用的厨余垃圾为主。商朝人会利用厨余垃圾中的动物骨头和皮毛缝制衣物、制作饰品；而一些无法食用的果皮则被制作成中药。剩余的食物残渣可被用作燃料，或是送去特定区域掩埋，或是倒入猪圈中喂猪。

随着人口的增加和城市的扩张，商朝的商业逐渐发展。随着商铺和民房的不断增加，垃圾也在不断增加。因此，商朝设立了专门的垃圾管理机构来收集不能被利用或自家不好处理的垃圾，该机构会指派专人进行垃圾收集。在收集完成后，垃圾会被倒进专用的垃圾坑中。这类垃圾坑一般多是废弃的水井、地窖或是大量土壤被挖走后的土坑。在近些年发掘的一些墓葬或遗迹中，一些垃圾坑随之出土，比如河南安阳小屯村的殷墟宫殿区遗址就发掘出来了不少垃圾坑。考古人员推断，商朝时的重要场所或人员密集场所周边会设置一些较大的垃圾坑来存储垃圾。这些垃圾坑在被垃圾填满后，土坑表面会用黄土或是黄土混合石粒填充掩埋。也就是说，商朝人就已经有了保护环境、控制污染的意识，垃圾坑的设置可以保护所在区域的卫生环境，也可以防止垃圾带来的污染和隐患扩散到其他地区。

另外，商朝时就可能已经设立了有关乱丢垃圾的刑罚。在《韩非子·内储说上七术第三十》一书中提到："殷之法，弃灰于公道者断其手。"这句话据说出自孔子与子贡的对话中，意思是"商朝时的刑罚（有一条是）乱扔垃圾的人要被剁手"。虽然没有更多的历史文献佐证这一点，但众所周知，商朝以刑罚残酷著称，针对乱丢垃圾有这样残酷的刑罚似乎也符合那个时代的特点。

○ **周朝**

到了周朝，我们的垃圾管理措施得到了进一步的发展。历史上最早的"环卫工人"就出现在周朝。根据《周礼·秋官》记载："條狼氏下士六人，胥六人，徒六十人。"对此，东汉郑玄注释称："條，当为涤器之涤，除也；狼，狼扈道上。"通过郑玄的解释我们可以看出，"條"的意思是洗涤、清扫，"狼"的意思是散乱在路上的人或物。清朝的《日知录·街道》也提到："古之王者，于国中之道路则有条狼氏，涤除道上之狼扈，而使之洁清。"也就是说，条狼氏的职责就是负责清理城内道路上的垃圾，保持街道的干净整洁和城市的卫生。这么来看，条狼氏的工作跟咱们现在的环卫工人的职责十分类似。

周朝时还设立了卫生设施。根据《周礼》中的记载："为其井匽，除其不蠲，去其恶臭。"后人推测"井匽"可能是路边的厕所，也或许是引流污水秽物的设施。虽然我们目前还不知道"井匽"具体指的是什么，但这两种推测都可以证明周朝已经有了卫生设施。

（2）秦汉时期

○ 秦朝

秦朝时期，对于乱扔垃圾的人处罚依旧很重。据《汉书·五行志》记载："秦连相坐之法，弃灰于道者黥。"这句说的是秦朝，在路上乱扔垃圾的人要受墨刑。墨刑是用刀在脸上刺字后涂上墨水，且永不褪色。脸上刺字不仅是皮肉上的刑罚，而且不管走到哪儿都会被路人侧目，接受道德审判。那时，乱丢垃圾的代价可真大啊！

○ 汉朝

汉朝时期，猪圈上面搭厕所的结构已经比较普及了。茅房的便坑直接通到猪圈，人的粪可以直接排入猪圈中，残羹剩饭也可以直接倒入厕所的便坑内，供家猪取食。粪坑中的人粪、猪粪还可以用作农作物的肥料。这种厕所猪圈连通的设计既减少了猪饲料的投入，又收集了垃圾和排泄物，还可以将粪便作为纯天然肥料，可以说是一举两得的一种垃圾管理举措。其实这种设计直到近些年还能在我国的一些农村地区看到。

（3）魏晋时期

到了晋代，先人们又发明了渣斗（又叫爹斗、唾壶），用来收集餐桌上的鱼刺、肉骨等食物残渣。渣斗长的有点像胖胖的花瓶，开口成喇叭形，"肚子"很大。大的渣斗会被放置在桌椅酒席之间，专门用来装餐桌上的垃圾；小的渣斗会被摆在茶具旁，用来装茶渣、废水等。渣斗的设计和使用让收集厨余垃圾这项"脏活"也变得文雅起来，但作为一个"短命"王朝，渣斗在当时并没有普及开来。

（4）唐宋时期

○ 唐朝

唐朝时，长安的居住人口达到几百万人，是当时世界上最大的城市之一。众多的人口和庞大的城市也让垃圾问题显得更为突出了。那时，晋代发明的渣斗才在各地普及开来，给餐桌上的垃圾分类增添一份雅趣。唐朝时还指派了监管人员来管理城市卫生，类似于现在的城管，制止民众乱丢垃圾的行为。

但是，相对于商朝和秦朝极为严苛的法律，唐朝对于乱丢垃圾的处罚就没有那么毛骨悚然了。唐高宗永徽年间颁行的《唐律疏议》规定："其穿垣出秽污者，杖六十；出水者，勿论。主司不禁，与同罪。"也就是说，乱倒垃圾的居民要打六十大板，但是可以倒脏水。法令也规定了监管人员的职责，即如果管理人员监管松懈、玩忽职守，也要一同受罚。

○ 宋朝

到了宋朝，垃圾管理的措施和法律得到了进一步发展，宋朝的城市规模有了进一步扩大，餐饮经济也开始蓬勃发展。有文献记载，相对前朝，宋朝的小吃摊明显增多了，所以厨余垃圾就更多了。厨余垃圾的增多导致执政者不得不想办法对垃圾进行更多的管理。

首先，负责清扫街道的"条狼氏们"被划归到街道司管理，并且有了更明确的职责：清扫街道，洒水防尘，疏通积水，清运"夜香"等。大城市的街道司可雇500名环卫工人之多，他们的待遇也不错，月薪可有"钱二千，青衫子一领"。

其次，城市居民的厨余垃圾和便溺臭水也有专人上门处理，有些人更是靠掏粪发家致富。比如《朝野佥载》中记载，"长安富民罗会，以剔粪为业"，讲的就是一个叫罗会的长安人，做的就是帮人处理粪便秽物，再把秽物卖给乡下农民当肥料的生意。用我们现在的眼光看，罗会就是在"当中间商赚差价"，以此来发家致富。类似的故事《太平广记》和《梦粱录》中也有记载，可见宋朝人靠捡垃圾发大财的例子还不少。

再次，渣斗在宋朝就更流行了。比如在宋代描写宴会场景的著名画作《春宴图》《文会图》中都出现了渣斗的身影，可见渣斗在当时算是相当普及的宴席必备用具了。

最后，当朝政府还对垃圾管理作了进一步的规定。比如当时厨余垃圾不许往河里倾倒以防止水源的污染就是一个很好的例子。这些规定让宋朝的城市保持着干净整洁的面貌，甚至领先世界。意大利著名旅行家马可·波罗在到访临安（今杭州）后曾写道："行在一切道路皆铺砖石，蛮子州中一切道途皆然，任赴何地，泥土不致沾足。"由此可见，宋朝的管理者对街道卫生是多么的重视，把垃圾处理得干干净净，把城市治理得井井有条。

（5）明清时期

○ 明朝

明朝以后，统治者在垃圾回收方面有了更大的进步，甚至建立了垃圾回收产业链。一位在明朝末年赴中国传教的葡萄牙人在《大中国志》中写道："明朝的城市和乡村间，已经形成了完备的产业链，不但耕作所需的各种粪便有专门的人员从城市里回收，然后运载到乡村里出售。甚至各种城市生活垃圾，都有专门人员回收。"

明朝时有关乱丢垃圾的刑罚与唐朝类似，都是打个几十大板了事。但由于人口的急剧增加，垃圾越来越多，卫生环境优势也不是很乐观。所以即便明朝有着先进的垃圾回收产业链，明朝城市总体的卫生状况还是不太乐观。

○ 清朝

清朝和明朝的情况类似，当时的人们有着强烈的垃圾回收再利用的意识。出访大清的沙俄使节米列斯库在《中国漫记》一书中记载："任何不屑一顾的废物，他们都不忍遗弃，一小块皮革，各种骨头、羽毛、畜毛，他们都着意收藏，然后巧妙加工，制成有用物品。"

但清朝时的城市卫生情况可以说是让人"毛骨悚然"。《燕京杂记》中记载："人家扫除之物，悉倾于门外，灶烬炉灰，瓷碎瓦屑，堆积如山，街道高于屋者至有丈余，人们则循级而下，如落坑谷。"这是说居民都把垃圾扫到大街上，出门就像在爬垃圾山，回家就像跌入谷底。虽然这可能是极度夸张的表述，但这也可以反映出居民对城市垃圾堆积现状的不满。

直到清光绪二十八年（1902 年），清政府成立了工巡总局来负责城市管理的所有方面，其中就包括城市环境卫生。总局设立了"清道夫"的编制，来负责清运城市垃圾、疏通沟渠、清扫马路、治理街道卫生等工作，而清道夫团队则由区域巡官和警察负责管理。

（6）民国时期

民国初年，国民政府沿用了清朝末年的由警察负责管理城市卫生的制度。下面我们以北京（北平）为例，介绍一下当时的政府是如何进行垃圾管理的。

1913 年，国民政府颁布了《京师警察厅管制》和《京师警察厅改订管理清道规则》，里面对垃圾管理有了规定。根据规定，北京市政府设置了由警察领导的卫生处来负责城市道路清洁、清道夫管理、公厕规划等工作。北京各个区也成立了清道队，招募了清道夫，制订了详细的工作规划，由警察负责进行管理。当时北京城中约有 1500 名清道夫，每 20 人左右编成一队在城中的街巷胡同进行清扫。

1928 年，北平特别市卫生局成立了，城市卫生工作和清道夫都由卫生局接管。卫生局在城中摆放了垃圾桶、指定了倾倒垃圾的场地、引进了垃圾焚烧炉，并且规定每家每户需要缴纳卫生费，茅草房、平房、四合院、小洋楼应缴的卫生费用依次增加。卫生局还对清道夫的工作有了调整，比如清道夫主要负责马路大街和重要沟渠的垃圾清运工作。垃圾收集好后需要统一运到指定地点，能焚烧的焚烧，不能焚烧的就运到秽土代运厂等。

除了专扫大街的清道夫外，卫生局也雇了"垃圾夫"专门负责清运街巷胡同的垃圾，百姓称他们为"倒土的"。垃圾夫很辛苦，他们需要身穿印有"垃圾夫"三个大字的"号坎儿"（也就是印有号码的坎肩儿），每天一大早拉着木制垃圾车、摇着铜铃、喊着"倒土嘞"到胡同里收垃圾。各家住户需要把炉灰、垃圾、废旧物品等垃圾倒入垃圾车中，装满后垃圾夫就把车拉到指定的倾倒垃圾场地进行倾倒，倒完以后再回去接着拉。

另外，负责清运泔水的"秽水夫"也需要特别进行雇佣。秽水夫的工作就是到胡同街巷清运泔水（也就是厨余垃圾）。秽水夫一般在下午赶着小驴拉着木车走街串巷，吆喝着"倒泔水嘞"等着住户们把一桶桶泔水倒到车里。装满后，泔水车会被拉去附近的秽水池清空，然后再回去接着收。

各家的粪便则是由"粪夫"进行清运，由各个粪场进行管理。那时，北京城内百姓一般生活穷苦，各家没有自己的茅房，排便都是由粪桶解决的，城中鲜有的公厕也几乎都是旱厕。清早，粪夫就到自己粪场承包的胡同和公厕清运粪便，运到粪场。北京的粪场多建在城里，比如前门附近的奋章胡同原名就是粪场胡同。粪场不仅是用来储存粪便的，更重要的是对粪便进行加工，制成可以直接用作肥料的粪肥，俗称"大粪干儿"。成品再由粪场负责运到城外，卖给农民并从中获利。因此，当时粪便作为一种能挣钱的商品，掏粪卖粪成了抢手的生意，各个粪场之间甚至还会存在恶性竞争的情况。

总之，清运垃圾是个苦差事，收入也不尽如人意。政府雇用的清道夫、垃圾夫和秽水夫收入都十分微薄，仅供糊口。掏粪这门生意虽然获利不少，以至于北平时期粪场一度达到百余家、粪夫五千人。但是，粪夫的收入和工作全权由粪场主分配，欺行霸市的情况屡见不鲜。而且，民国时期的北京在垃圾管理方面的进步终究抵挡不住战乱动荡的时局，这些垃圾管理措施几乎都得不到长期有效的实施，这一时期的北京最终沦落为一座"垃圾城"。

5. 欧洲是如何管理和处理垃圾的？

说完了中国的垃圾管理历史，现在我们来看看欧洲的垃圾历史。欧洲的垃圾管理历史在相对应的时期与中国的历史十分相似，也有一些独特之处，大家在阅读这部分的时候一定会有些似曾相识又不尽相同的感觉。

(1)史前时期

史前时期，亚欧大陆的居民就已经开始和垃圾做斗争了。约公元前3000年，地中海中部的克里特岛的居民设计了公共垃圾井。公共垃圾井的建造很简单，就是在地上挖一口很大的井（或者可以称之为土坑），垃圾可以一批一批的倒入井中。等垃圾井被垃圾填满后，居民会用土把井口封盖起来。短短几年间，克里特人就在岛上一共挖了300多口垃圾井。

四大文明古国之一的古巴比伦王国建立于公元前1894年，古巴比伦文明也是世界上最早的文明之一。随着社会的发展和城市人口的增加，生活在两河流域的这些巴比伦人和亚述人在城市里修建了下水道，通过下水道把居民的生活垃圾和粪便运到城外。

(2)古典时代

○ 古希腊

到了公元前500年左右，古希腊雅典城的居民用一种叫作"阿米斯"的陶罐来装粪便和家里的所有垃圾。每日清晨，居民们把收集好的垃圾倒入路中间挖的小水渠中，盼望着天降大雨可以冲走所有垃圾。但水渠非常浅，水渠中堆的垃圾也越来越多，却始终没有能冲走所有垃圾的大雨降下。不久，雅典城就深陷在"垃圾泥潭"中。

终于，雅典的执政者无法忍受城市里这些不会自己消失的垃圾，他们为此建立了西方历史上第一个有实际作用的城市卫生服务处。

对此，古希腊哲学家亚里士多德也曾介绍道："城市卫生由 10 位高级执政官负责，他们的部下负责指挥奴隶去路上捡垃圾。"负责捡垃圾的奴隶被称为"柯普勒工"，在古希腊语里就是"捡屎的人"的意思。亚里士多德这样评价这些城市清洁工："一些工作是高尚的，但另一些工作是必须的。"

城市扩张和人口增加的速度实在是太快了，垃圾增长也太快了。虽然这些柯普勒工每天都在努力工作，但他们清理垃圾的速度还是赶不上人们产生垃圾的速度，所以城市内很快又堆满了垃圾。为了处理家里的垃圾，雅典人甚至将垃圾扔到雅典的母亲河中，这条河很快就变成了一条臭河。终于，垃圾爆发式的增长和恶劣的卫生环境在雅典引发了瘟疫，甚至雅典的执政官伯里克利在公元前 429 年死于雅典大瘟疫中。

○ **古罗马**

古罗马也在古典时代发展起来，它的建城时间甚至比雅典还要早 100 年左右。古罗马居住了大量的居民，有人的地方就有垃圾，人越多的地方垃圾越多。

为了解决城里的卫生问题，公元前 616 年，罗马开始修建遍布于整个城市的大下水道用于排污。大下水道的主干道宽 3 米，长 600 多米，这段水道里甚至可以划船。古罗马作家老普林尼（Gaius Plinius Secundus）给了罗马大下水道极高的赞誉，他说："这是古罗马最宏伟的杰作。"

但是，这样豪华的排污设施主要为权贵们服务，普通市民很难享受到大下水道的卫生成果。很多人依旧生活在脏乱拥挤的公寓里，为了处理垃圾，他们用院子里的井来堆放垃圾。这些井里的垃圾没有人按时清理，垃圾也越堆越多。后来，住户们干脆就直接把垃圾从窗户上倒下去，也不管垃圾是否会直接倒在别人头上或是会在街道上流淌。另外，罗马大下水道的出口是罗马城外的台伯河，这样来看，虽然垃圾被运到了城外，解决了城内的垃圾问题，但是城边的河流却被污染了。

公元前 451 年，古罗马的垃圾处理措施被写到著名的《十二铜表法》中。但由于古罗马的执法力度不强，城内也没有专门负责公共卫生的清洁工，有关垃圾管理的法令并没有发挥它们应有的作用。此时，罗马的城市卫生几乎全靠热心市民打扫，可以说政府没有实施任何有效的垃圾管理。

到公元前 1 世纪，古罗马已经发展为一个拥有 150 万居民的大城市，但绝大多数居民都还挤在卫生条件很差的公寓楼里和垃圾共同生活。此时，台伯河也不堪重负，它在河水高涨时就会"吐出"大下水道送来的粪便和骨头，进一步恶化了城边的环境。

直到恺撒大帝成为罗马的执政官后，在公元前 45 年前后，他颁布了《尤利乌斯自治城法令》，该法规定了一些有关城市卫生管理的条款。他还命令几位高级执政官直接监管城市卫生，并派出一批低阶官员管理一些奴隶，让奴隶们负责运送城市垃圾。奴隶们一般都是趁着夜色将城市垃圾运走并倾倒进城外的大坑里。恺撒死后，他的继任者屋大维进一步治理了罗马的城市卫生，他任命了 4 名直属于皇帝的道路管理官，指派他们分别负责城市和郊区的道路卫生。公元 533 年，查士丁尼大帝汇总编纂了罗马的公共卫生法律并收录于《查士丁尼学说汇纂》一书中。

总的来看，罗马人的垃圾管理工作是人类社会发展的里程碑，尤其是大下水道的设计和建造非常具有代表性。但我们也要认识到，当时建设的公共卫生设施绝大多数还是在为那些极少数的贵族服务，普通人还是过着不得不与垃圾共同生活的日子。

（3）中世纪

○ 中世纪早期

公元 1 世纪开始后，随着欧洲北部和东部的部族打入西欧、南欧，长年的战争让盛极一时的古罗马帝国也屡次战败，并在公元 4 世纪分裂成东西罗马帝国。到公元 5 世纪时，西罗马帝国灭亡，在历史学上这也标志着中世纪的开始。

中世纪开始前后，由于连年战乱和政权更迭，欧洲的垃圾管理也再次变得没有章法，城里随处可见垃圾。但是，城市人口也随着战争减少了。很多古老城镇的居民搬到城外，他们或回到村庄，或建立了新的城市。中世纪的村庄大多建在山坡上，村民们在路上挖出垃圾沟，下大雨的时候沟里的垃圾就能被雨水冲刷到村外。同时，村民们把粪便当成肥料来培育蔬果，提高了农作物的产量。另外，城市居民的数量减少后，城里的垃圾也变少了。城市居民这时也更愿意自己处理垃圾，城市的环境也变好了。

总的来说，因为城市人口的减少，中世纪初期到中期的城市卫生环境相对来说还不错。

○ **中世纪中期**

但是，历史总是呈螺旋形上升的。到公元 1000 年左右，农业的发展让人类有了更多的粮食，人的生存率得到了提高，也能喂饱更多的孩子了。新生儿剧增促使人口大幅增加，城市重新变得拥挤起来了。可是，城市卫生服务和排污系统并没有得到相应的发展，贫富差距进一步加大。

这时，几乎所有的欧洲城市居民处理垃圾的办法，竟然都是直接把垃圾从窗户倒出去。城里还生活着鸡鸭鹅、牛羊马等家禽家畜，它们在街道上走来走去也留下了很多的粪便。那时，城里最受欢迎的动物可能就是猪了，因为它们可以边走边吃街上的垃圾和粪便。可以说，中世纪中期一直到近代，能稳定提供欧洲城市卫生服务的就是这些猪了，它们算是名副其实的"城市清洁工"。

城里垃圾粪便的堆积让城里人发了愁，却让城外的农民好心急，因为在农民看来粪便都是上好的肥料。农民们一车一车地从城里运出垃圾粪便并堆在城墙边，有需要的时候再从墙根上拉一些"肥料"回家种田。但是，据说这些堆在城墙边的垃圾还为敌方的进攻提供了便利，因为垃圾堆成了斜坡，让进攻的士兵直接跑上城墙发动攻击。

另外，那时的欧洲卖得最好的房子很多都在河边，其中一个重要的原因居然是住户们可以直接将垃圾倒进河里。当时，这种把垃圾倒进河里的情况十分普遍，就连伦敦著名的泰晤士河也不能幸免。

因此，那时污水和饮用水混合在一起也是常事，饮用水源里也常常充满了垃圾。

更可怕的是，在中世纪，欧洲民众普遍都不讲卫生，很多居民随地大小便，甚至有专门的城市小巷供大家"方便一下"。当时的社会氛围就是这样，没有人会因此觉得羞愧，因为所有人都会这么做。讽刺的是，中世纪的很多城市都有与垃圾粪便有关的称号或地名。比如巴黎当时就有个地方的"昵称"是"污泥之城"，这座城市还有"大便路""小便路"，英国有"粪溪"，米兰有"大黑河"等。中世纪中期的欧洲可以说是垃圾横流，城市恶臭不堪。

○ **中世纪后期**

欧洲各地的统治者也在12世纪初期出台过一些政策，想要遏制城市垃圾遍地的局面。但是，从巴黎到伦敦再到罗马，几乎所有的政策都没有得到严格执行，垃圾引发的卫生问题越来越多，也愈演愈烈。14世纪中期，携带有黑死病病菌的老鼠和跳蚤随船只到达欧洲大陆，它们舒服地生活在了遍布垃圾、粪便的城市里。在接下来的几年里，黑死病暴发，当时有将近1/3的欧洲人口死于这次流行病。

黑死病的暴发终于让统治者把垃圾问题和公共卫生问题正式联系在了一起。从黑死病大流行结束到15世纪前期，欧洲大陆的统治者们开始重视城市卫生管理。他们一方面开始任命卫生事务官员，另一方面重罚乱扔垃圾、破坏卫生的居民。在法国，严重破坏卫生的人甚至会被处以死刑。同期，意大利的很多城市都受到古罗马城市管理的启发，各地真正开始设立城市卫生管理处，本着"谁污染谁打扫"的原则让乱倒垃圾的人来清理城市垃圾，一些地区还要求市民参与城市公共区域的道路清洁和卫生维护工作。

但好景不长，这股追求卫生的热潮在欧洲并没有维持太久。黑死病留下的阴影在人们脑中随着时间的推移而慢慢消逝，城市卫生管理政策的执行也越来越缺乏力度。社会上还经常有人"报假警"，他们通过诬告别人乱扔垃圾来得到政府的奖赏，结果这种做法从某种程度上搅乱了当时的垃圾管理体系。最终，欧洲城市的卫生状况又开始恶化，城市又变回了"脏乱差"的老样子。

（4）近代欧洲

15 世纪末，随着奥斯曼土耳其攻占了东罗马帝国的首都，欧洲逐渐开始进入了近代历史范畴。虽然时代更迭了，但是近代欧洲的城市仍然遍布着垃圾和粪便，尤其是战后人口的增加、科技的发展和经济的恢复又导致了垃圾的增多，卫生环境进一步恶化。

○ 与垃圾和疾病相伴的近代欧洲

更可怕的是由垃圾问题引发的疾病。细菌和病毒在城中安营扎寨，它们从垃圾堆一步步繁殖侵入城中的各处水源和土地中。由此，17 世纪时黑死病再次来袭，18 世纪欧洲暴发了天花，到 19 世纪霍乱大范围地在欧洲扩散……这些来势汹汹的传染病让欧洲居民又好几次被死神纠缠不休。

为了躲避垃圾和瘟疫，近代欧洲的王室贵族和富人们像前人一样纷纷逃出城去。他们在乡村盖起宫殿别墅，比如法国著名的凡尔赛宫就是那时在巴黎城外修建的。但是更多的穷人无处可去，他们只能挤在城里和垃圾共存。人们的愚昧和科学的滞后让传染病的传播愈演愈烈，比如当时居然十分流行"大便可以治病"的说法，甚至有医生给病人敷上大便作为治疗手段，美其名曰"粪疗"。还有些地区的居民想要挖开前人填满的垃圾井，希冀用垃圾的臭味来熏死带来瘟疫的病菌。这些荒谬的做法在现在看来真是令人毛骨悚然。

○ 近代欧洲进行垃圾管理的些许努力

虽然很多王室贵族都跑出城去了，民间也流传着很多不科学的做法，但好在欧洲的一些执政者还是出台了一些公共卫生的管理措施，想要改善城市卫生情况。

罗马在 17 到 18 世纪设立了垃圾事务处，用来收取倾倒垃圾和运输垃圾的税。垃圾事务处设置了垃圾倾倒点，并且安排了市民进行城市清洁服务。然而，这些措施多数时候还是只服务于城内的富人区，尤其是对教皇出来巡视的那些街道会优先进行清理，平民百姓住的地方并没有得到相应的举措和平等的对待。类似地，在意大利米兰出现了淘粪工人，但他们也只负责清洁富人区。

在17世纪的巴黎，路易十四皇帝颁布了有关垃圾清运的法令，他也是法国第一个设立城市卫生服务体系的君主。这条法令规定了垃圾清运的路线和时间，也设定了相应的罚金来处罚违反规定的人。和别的国家垃圾清运主要由政府负责不同，巴黎这时的垃圾清运一般由私人承包。这些私人清运企业会使用翻斗车来运送垃圾。这种翻斗车的后部配有开口，一般由两人操作，前面的人拉车，后边的人负责将垃圾装到车上。翻斗车收集到的垃圾会被送到城里几个回收处理中心，一些处理中心负责收普通垃圾和污泥，其他的处理中心负责收粪便等。这么来看，这样的分类运送垃圾的设计也让巴黎成为欧洲历史上最早进行垃圾分类收集的城市。但是，这种垃圾清运服务的问题也很多，比如这个工作十分辛苦，操作翻斗车的人手不够，城内每天也只是清扫几个固定的街区。况且，垃圾处理中心也是露天堆放垃圾，臭气熏天，附近的居民不堪忍受垃圾的臭味。最终，人们决定把巴黎的垃圾都堆到附近的山上，可想而知这座山很快就变成了垃圾山。

17世纪的伦敦曾经有一场烧了四天的大火，这场大火让整个城市的房屋街道几乎全部燃尽。这场大火的诱因很多，其中有两个关键因素和垃圾有关：一个是巷道狭窄、房屋密集、住户拥挤、城市脏乱，另一个是人们相信火可以杀死疾病、驱散瘟疫。大火之后，虽然伦敦损失惨重，但因祸得福的是这场火也烧死了城中大批的老鼠，把伦敦从鼠疫的阴霾中解救出来。但是，在重建伦敦时，整个城市居然还是按照以前的布局和设计进行，结果新建的房屋巷道也像以前一样拥挤而狭窄，给城市环境卫生带来了隐患。

好在伦敦在其他有关垃圾管理的方面有所进步，实施了一些新举措。比如伦敦政府在大火过后清理并回填了一条泰晤士河的支流，这条流经伦敦市内的河已经"帮助"伦敦运输了好几个世纪的垃圾了。同期，伦敦市民也自发地开始了垃圾回收的行动，居民们从垃圾场寻找可以回收利用的材料，通过卖给需要这些材料的商家赚取一定的费用。政府和私人公司也开始负责清洁道路和河流里的垃圾、收集生活垃圾、清理垃圾井和清运厕所粪便等服务。总之，虽然伦敦在垃圾管理上逐渐有了些许进步，但这些措施多数还是缺乏正规的规划和管理，乱倒垃圾的情况也依旧屡禁不止。

总的来看，近代欧洲的垃圾管理措施和城市卫生情况仍旧不尽人意，但有一个很大的进步是各地初步开展起垃圾回收利用服务。就像前文提到的伦敦垃圾回收服务一样，欧洲很多地方陆续出现了以废品回收谋生的回收工。回收工们不仅从垃圾堆里翻出可以利用的垃圾，还会走街串巷地从居民家里回收废品。此外，一些地区还有了清理河岸的清沟工、清理下水道的下井工和清理煤灰的收灰工。其实这些工作者在工作时都面临着巨大的风险，因为他们每天都不得不和垃圾打交道，所以他们与细菌和病毒的距离也更近，结果有很多工人真的因此多次染病。但幸运的是，从疾病中恢复的工人也会对恶劣的工作环境有很高的免疫力，因此政府后来干脆让这些人专门负责城市卫生服务。

(5) 19世纪

1914年之前，欧洲社会历经了政治、经济和工业、科技等各种重大变革。在此期间，欧洲人民有了更好的生活，政府和人民对城市卫生环境也有了更高的追求。

欧洲各国政府从19世纪开始系统性地规划和实施城市垃圾管理服务。例如英国政府颁布了《公共卫生法》，设立了地方卫生机构，开展了城市卫生服务。法国政府开始在各个城市建设垃圾管理系统并征收卫生税，也正式接管了私人翻斗车的垃圾清运工作。法国政府还让居民使用带盖子的垃圾桶，也曾尝试制定了更细致的垃圾分类要求（虽然最后失败了）。意大利政府开始禁止使用城市巷道间的茅厕，并雇用城市清洁工来维护城市卫生。总体来说，这些政策举措还是比较有效的，让城市变得更加整洁。欧洲各大城市也开始建造或修复城市的卫生间和地下大排污网来更好地收集城市垃圾。

此外，19世纪的欧洲人开始着手解决垃圾越来越多的问题，他们主要尝试了焚烧、倾倒和堆肥的方法来减少垃圾。堆肥一度是处理垃圾的热门手段，但因为科学进步让人们发现了细菌的可怕，很多居民开始担心堆肥会招致疾病。外加纸、金属和玻璃废料在垃圾中的比例越来越高，堆肥的效果越来越差等原因，堆肥逐渐变成不受欢迎的垃圾处理手段。垃圾倾倒也存在着相似的情况，人们越来越重视集中倾倒或堆放垃圾会污染环境的情况，倾倒也渐渐不再是主流垃圾处理方法。此时，垃圾焚烧开始受到重视，越来越多的人意识到垃圾焚烧的好处：焚烧似乎能够完全处理垃圾、减少垃圾体积、消灭病毒细菌。结果，这种片面性的认识导致人们从倾倒到焚烧的行为转变有点"矫枉过正"，一些人甚至有了在家中焚烧垃圾的习惯。19世纪后期，英国一些地方还推出了室内焚烧炉用来焚烧家庭垃圾。但在室内焚烧垃圾实在是太危险了，经常引起火灾，因此各国政府在19世纪末逐渐禁止这一做法，并纷纷建起公共的垃圾焚烧炉作为替代。虽然此时的垃圾焚烧炉并没有尾气净化装置，焚烧垃圾后的气体可能带着有毒有害物质直接排放到大气中，但在当时焚烧已经是相对较好的处理垃圾的方法了，这也是现代的垃圾焚烧处理的雏形。

小E提问

你觉得本节历史介绍当中最让你印象深刻的是哪个故事？你还知不知道其他有关垃圾的历史故事？

6. 现代社会是如何进行垃圾管理的？

说完了历史上的垃圾管理，让我们回到现代，看一看我们现代的垃圾管理。很多人可能对垃圾处理没有太多的了解，只知道大概哪些垃圾可以被回收，并且知其然不知其所以然。一些稍微了解过垃圾处理的人可能对垃圾处理的印象也只停留在"烧了或埋了"的层面。其实垃圾处理的过程中有很多的"门道"，也有很多有趣、有用的知识。下面我们就以生活垃圾为例，简单讲一讲垃圾是怎么被处理的。

　　垃圾在产生之后，第一步要做的就是垃圾的收集。现代社会，在公共区域，城市居民一般都会把垃圾扔到垃圾桶里，随意乱扔或者无意散落在公共场所的垃圾也会有环卫工人负责捡拾收集。在家中产生的垃圾，城市居民一般都会定期倾倒，将垃圾丢到小区的垃圾桶里。现在全中国都在推行垃圾分类，因此很多人在扔垃圾的时候也会将垃圾分好类后，再投入相对应的垃圾桶中。而后，小区的工作人员会定时将桶中的垃圾运到小区里或小区附近的垃圾站等待处理。公共场所的垃圾桶也有专人负责收集和运送垃圾。收集后的垃圾一般会按照类别不同，送去不同的垃圾处理公司，比如可回收垃圾会送到垃圾回收公司，有害垃圾会送到能处理有害垃圾的工厂。收集后的垃圾可能会直接送到垃圾处理公司，也可能会被先送到附近的垃圾中转站，再送去垃圾处理公司进行处理。

　　在垃圾按类别送去不同的垃圾处理公司后，各个处理公司会根据垃圾的不同类别采取不同的处理工艺。一般而言，即便大家已经在丢垃圾时做了垃圾分类，垃圾在工厂进行处理前，还会进行垃圾分拣的工作，将待处理的垃圾再次分类后再进行处理。这样做是为了避免给后续的垃圾处理流程带来麻烦，也防止后续处理时污染环境。举个例子，如果我们把属于有害垃圾的灯管扔到其他垃圾中，而后处理厂没有把灯管从混合的垃圾中挑出来，那么后续处理时，灯管里的化学物质可能就会被排放到环境中，造成环境的污染，或者灯管中的一些零部件可能会磨损垃圾处理的设备，造成安全隐患。另外，垃圾处理厂在分拣过程中，也可以从垃圾中分拣到更多的可回收物，增加垃圾的回收利用率，减少资源的浪费。在分拣和一些预处理步骤之后，垃圾就可以准备进行最终处理了。

　　目前，各国采用的垃圾处理方式主要有物质利用（回收利用）、能量利用和填埋处理三种方式。物质利用是通过物理、化学和生物的手段，在物质层面实现垃圾的重复利用、再造利用和再生利用，一般包括物质资源回收利用（比如回收纸箱和塑料瓶）以及有机垃坂堆肥处理。"能量利用"的英文为 energy recovery，即能量回收，是指将垃圾的内能转化为热能和 / 或电能的形式，一般包括焚烧产热和 / 或产电的形式（比如垃圾焚烧时产的热可以用来供暖或发电）。填埋处理就是将不能进行物质利用和能量利用的垃圾进行填埋的一种处理方式，也是比较传统的处理方式。物质利用和能量利用都是将"垃圾资源化"（waste to resources）的工作，即把"无用"的垃圾变成可以利用的资源的方式。近些年，国际上也很流行这种处理方法，中国的相关研究和产业也在蓬勃发展中。

近年来，中国的生活垃圾无害化处理主要以填埋、焚烧和堆肥为主。其中，堆肥仍是我国处理生活垃圾的主要方式。2009 年，中国城市生活垃圾无害化处理量为 11 232.3 万吨，其中 80% 是采取填埋处理，仅有 18% 送去焚烧。到 2017 年，中国生活垃圾无害化处理量达到 21 034.2 万吨，相对 2009 年近乎翻了一倍，但卫生填埋处理垃圾的占比降低到 57% 左右，垃圾焚烧的比例提高到 40% 左右，其他处理方式占 3% 左右。这么来看，中国在垃圾处理工作上的进步是可喜的，尤其是 2019 年以来，中国提出建设"无废城市"，第一批无废城市试点地区很多都实现了原生垃圾[①] 零填埋。

但是，中国不同城市之间发展还是有不小的差距，中国和世界其他国家之间也存在一定的差距。比如，瑞典的全国垃圾填埋率低至惊人的 0.4%，而且德国和荷兰等发达国家的垃圾焚烧比例都在 50% 以上，瑞士和日本的垃圾焚烧率甚至超过 70%。中国的垃圾焚烧比例比较低，除了因为技术管理等方面相对落后之外，人们较为传统的意识和理念也是非常重要的障碍。"不要在我的后院建设（垃圾处理厂）！"这种简称为 NIMBY（not in my back yard，别弄在我家后院）的思想在中国民众中间广为存在。而瑞典的一些城市把垃圾焚烧厂建在了城市的中心，这又是为了什么？在本书后续部分，我们会陆续向大家详细介绍国际上的垃圾管理理念和先进的处理方式及相关案例。

① 原生垃圾一般指的是产生后还未经任何处理的垃圾。

　　总之，垃圾管理并不简单，它受到多种因素的制约，却与我们的生活息息相关。后面我们会对垃圾的分类、收集和处理做更详细的讲解，帮助大家对垃圾有更深入的了解，也希望可以借此机会来扭转大家对垃圾的一些传统想法和印象。

第2章
垃圾的分类

　　这两年，垃圾分类开始在中国各个城市陆续推行，越来越多的小区也开始进行垃圾分类，相信大家在生活中也在逐渐学习和接触垃圾分类。

　　那么，为什么我们要进行垃圾分类？垃圾又有哪些种类？这些垃圾都是怎么产生的？我们怎么做才能正确地对垃圾进行分类呢？这一章我们主要带领大家来看看垃圾的产生和分类，帮助大家了解垃圾分类，把垃圾分对类，助力垃圾分类政策在中国更好地推行。

1. 垃圾是按照什么标准分类的?

　　前面我们已经详细地分析了为什么会产生垃圾、垃圾有什么危害、历史上的垃圾是怎么被处理的，以及简要介绍了现代社会怎么处理垃圾。大家在前面的阅读过程中一定也发现了，古今中外的垃圾处理都离不开垃圾分类这一步，而且随着社会的进步和科技的发展，垃圾分类越来越受到重视，分类的时候也越来越精细。接下来我们讨论一下垃圾有哪些分类。

　　总体来看，根据垃圾的来源不同，我们可以把垃圾大致分为以下几类：

生活垃圾：城市居民在日常生活中产生的垃圾

厨余垃圾（剩菜剩饭、果皮果核等）

可回收物（纸类、塑料、玻璃、金属、纺织物等）

其他垃圾（污损的塑料包装袋、污损的塑料购物袋、纸巾、烟蒂、大棒骨等）

有害垃圾（电池、灯泡、灯管、温度计、药品、化妆品、油漆、家用电器、手机等）

大件垃圾（家具、大型家用电器、大型纸箱等）

建筑垃圾：建筑施工过程中产生的垃圾

工程渣土

装修垃圾（碎砖块、废砂、泥浆、废塑料、废金属、废木料等）

拆迁垃圾（混凝土块、碎砖块、废砂、泥浆、废塑料、废金属、沥青块等）

工程泥浆

医疗垃圾：医疗机构产生的垃圾（一般来说医疗垃圾都是需要指定机构处理的危险垃圾）

感染性废物（血液/体液/排泄物污染后的物品、传染病人生活垃圾、废弃血液等）

病理性废物（人体废弃物和实验动物组织、尸体）

损伤性废物（会刺伤或割伤人体的废弃医疗锐器）

药物性废物（废弃药品）

化学性废物（具有毒性、腐蚀性、易燃易爆的化学品）

工业垃圾：工厂在生产过程中废弃的材料和产生的垃圾

食品垃圾（在加工、运输、储藏、买卖、食用中产生的垃圾）

普通垃圾（废纸、塑料、纺织品、橡胶、皮革制品、木料、玻璃、金属、尘土等）

建筑垃圾

> 清扫垃圾（公共垃圾箱中的垃圾、公共场所的清扫物等）
>
> 危险垃圾（电池、灯管、温度计、化学和生物危险品、易燃易爆品、放射性物品等）
>
> **农业垃圾：农业生产过程中产生的垃圾**
>
> 农林业生产垃圾（农作物秸秆、稻壳、枯枝烂叶等植物残余类废弃物）
>
> 畜牧渔业生产垃圾（家禽家畜粪便等动物残余类废弃物）
>
> 农业加工过程垃圾（农业加工过程中残留的废弃物）
>
> 人造农用物品（化肥、农药、兽药等农用化学制剂及农用塑料薄膜等）

　　看完这个列表后，有人可能会有疑惑，同一种垃圾怎么出现在了不同的种类里？比如建筑垃圾本身就是一个大类，但是也出现在了工业垃圾里。这是因为在工厂进行工业生产和工厂维护过程中，有可能会用到建筑材料进行厂房加固、固定设备等的情况，所以也会有建筑垃圾的产生。因此，一个垃圾来源的大类可能会包含不同小的类别。

　　当然，各地的垃圾分类标准也不尽相同，以上列表也只是一个参考。后续我们也会介绍国际上不同城市的垃圾分类标准，让大家进行参考学习。

　　由于建筑、医疗、工业和农业垃圾离我们大部分人的日常生活比较远，它们一般也都有专人进行管理和处理，平时的生活中也不太能接触到，所以我们后续会以生活垃圾为主来进行学习和讲解。需要强调的是，危险垃圾/有害垃圾处理不好会对我们的环境甚至身体健康产生很大的影响。我国对于这一类废物的定义是：

　　具有腐蚀性、毒性、易燃性、反应性或者感染性等一种或者几种危险特性的；不排除具有危险特性，可能对环境或者人体健康造成有害影响，需要按照危险废物进行管理的固体废物(包括液态废物)。

中国的《国家危险废物名录（2025 版）》里列出了 50 大类别数百种危险废物，每年也还在进行修订。我们生活中要注意的是，如果你觉得你身边的垃圾里或垃圾堆中含有危险垃圾，在确保自身安全的情况下将垃圾丢入写有"有害垃圾"或"危险垃圾"的垃圾桶中，或是及时联系当地的环保部门，这样可以确保自身健康，也避免了环境污染。

2. 生活垃圾采用什么分类标准？

生活垃圾，顾名思义，就是我们在生活中产生的垃圾，基本包括：

厨余垃圾（湿垃圾）：厨房产生的食物类垃圾

菜叶、剩饭菜、西瓜皮、动物内脏、腐肉、肉碎骨、鱼骨、蛋壳、虾蟹壳、蛋糕、面包、枯萎鲜花、废弃食用油、花生壳、玉米核、中药渣、茶渣、泔水等

可回收垃圾：拥有较高的再生利用价值并且可以进行回收的垃圾

纸类（报纸杂志、传单、纸板箱、牛奶盒、快递盒等未受污染的纸制品）

塑料（塑料瓶及标有可回收标志的塑料制品）

金属（易拉罐、旧铁锅及破铁桶等铜、铁、铝为原料的废旧金属制品）

玻璃（玻璃瓶、旧镜子、碎玻璃、啤酒瓶等玻璃制品）

纺织（旧脏衣物、旧鞋帽、毛绒玩具等纺织物）

有害垃圾：含有有毒有害物质的垃圾

废电池、废胶片、温度计、废血压计、荧光灯管、灯泡、油漆、过期药品、药品包装、化妆品、农药瓶、杀虫剂、消毒剂、指甲油、漂白剂、打印机墨盒、染发剂、X 光片、电子垃圾等

其他垃圾（干垃圾）： 除去其他几类生活垃圾之外的所有垃圾总和
　　拖把、抹布、牙签、大块骨头、一次性餐具、快餐盒、餐巾纸、
卫生纸、烟头、陶瓷碗碟、纸尿裤、橡皮泥、废笔、创可贴、面膜、
面霜等

大件垃圾： 体积较大、无法或不方便放入公共垃圾桶的大型垃圾
　　大型家电、大型家具、自行车、被褥等

---

* 具体的垃圾分类信息请参考本地的垃圾分类指南。

　　垃圾分类的主要目的是在后续处理过程中，我们可以对不同种类的垃圾实施更合适的处理方式，能回收的回收，能利用的利用，实在不能利用的进行焚烧发电，尽量减少垃圾的填埋。合适的处理方式可以带来更多的收益，也可以防范一些风险。比如说，在上述垃圾分类体系下，厨余垃圾一般会送去沼气工厂生产沼气，或者堆肥厂进行堆肥，可回收垃圾可以依照材料不同进行回收，其他垃圾可以送到焚烧厂焚烧，有害垃圾有专门的公司负责无害化处理。但是，如果有害垃圾混入了这些垃圾中，可能在处理过程中就会对环境造成影响，例如有毒有害物质随着燃烧进入大气，如果将可回收物和餐厨垃圾混入其他垃圾进行焚烧，不仅造成资源的浪费，还耗费更多的能源。

3. 垃圾分拣和分选有什么区别？

　　我们来说说什么是垃圾分拣和垃圾分选。

　　从字面意思上来说，垃圾分拣就是将垃圾按照类别分别挑拣出来；类似地，垃圾分选就是将垃圾按照类别分类挑选出来。这两个词差别不大，经常混用，但一般而言，垃圾分选会用于描述特定的垃圾分拣的技术、流程或设备。

　　其实，我们在扔垃圾前进行垃圾分类的这一步，已经可以算是在进行垃圾分拣了，而这一步就是利用人力进行垃圾分拣。有些小区丢垃圾的地方还有垃圾分类指导员，指导居民进行正确的垃圾分类，也可以看作二次分拣。在一些垃圾中转站，也会有环卫工人进行垃圾分拣，确保垃圾被正确分类。

在垃圾被运送到垃圾处理厂后，通常还会进行多次的分拣。通常来说，垃圾分拣会由人力分拣和机械分选共同进行。人力分拣就是在流水线上由专业的垃圾分拣员进行分拣。人力分拣在很多垃圾处理厂是必不可少的一步，因为即便很多处理厂都有比较完备的垃圾分选设备和工艺流程，难免会有错分、漏分的情况出现，需要让有经验的员工来进行校正。同时，一些垃圾可能含有对分选设备有害的物体，有时为了保证分选设备的正常运作和垃圾分选流程的安全性，在进行某些机械分选的操作前，也需要让人来对要分选的垃圾先行分拣或检查。机械分选一般是采用技术手段进行垃圾分拣，常用的传统分选技术有：①风力分选：用于塑料、纸张等较轻垃圾；②磁力分选：用于金属材料；③弹跳分选：用于电池、陶瓷、砖石等成分；④密度分选：根据物体的密度进行分选。

这些技术可能会在垃圾处理厂里结合起来，形成一个完整的工艺流程，再结合人工分拣的操作，应用于垃圾处理厂中。

近些年来，更多的创新技术也投入垃圾分选的流程中。现在有的垃圾厂"雇用"了专门的垃圾分选机器人进行垃圾分拣，人工智能和大数据的相关技术也在垃圾分选的工艺实践中得到不断地开发和应用。视觉识别和触觉识别等技术也越来越多地运用到垃圾分选中。

小 E 课堂

○ 视觉识别

多数垃圾分选机器人都用到了视觉识别技术，但用到的具体技术也有一些不同。有些机器人通过扫描垃圾表面的化学成分和形状对垃圾进行分选；有些机器人通过结合颜色和材质的光学识别来对垃圾进行分选；还有些机器人通过综合利用视觉识别和人工智能技术，经过海量的图像识别训练之后，能做到垃圾分拣的精准识别。

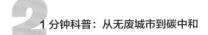

小E课堂

○ 触觉识别

近年来，一些研究机构也在开发通过触觉来识别垃圾的分选机器人。比如美国麻省理工学院（MIT）就开发了一款名为RoCycle的触觉识别垃圾分选机器人。这款机器人可以通过触碰垃圾的材质以确定材料的刚度来进行垃圾分选，力争让垃圾分拣这项有些脏、有些臭的工作尽快实现全自动化。

全球第一个废旧织物自动分选工厂
——瑞典马尔默 SIPTex 分拣平台

目前，随着人们生活质量的提高，大家购买的衣服越来越多，很多衣服甚至没怎么穿就被淘汰了，同时，全世界的酒店每天也都在淘汰床单、被罩等。这些纺织物有的可以通过二手市场进行回收再利用，而有一些无法再使用的织物却无法再有效利用了。欧盟每年有 430 万吨纺织废料被填埋或焚烧；在瑞典，每年仅有不到 5% 的废弃纺织品被回收，纺织品回收的潜力是巨大的。通过几年的研发，瑞典环境科学研究院牵头和 19 家国际领先的机构合作，包括大型纺织、时尚、家具公司、市政府、慈善机构、研究机构和主管部门，在瑞典第三大城市马尔默建设了世界上第一台大规模的纺织品自动分拣工厂。它将彻底改变瑞典甚至全世界的纺织品回收产业，并为纺织品废料创造新的市场。

在此之前，高效回收废旧织物一直是一个瓶颈，其实我们拥有纺织物回收处理技术，但一直缺乏所需的分拣流程。过去，纺织品都是人工分拣的，但现在越来越多的纺织品是混合材料，人工分拣难以实现我们需要的分选效果。为了处理大量高精度的纺织物，实现同级再生，自动化分选过程是必要的。为了能够更大规模地回收纺织品，我们需要质量稳定、量大的分拣能力，而这正是自动分拣所能实现的。SIPTex 分拣平台每小时可以处理 4.5 吨的垃圾，自动分拣时不受工作时长的限制，整个平台每年总计可以处理 24 000 吨的纺织品废弃物。工厂利用了近红外扫描技术可以进行纤维分选，并利用光学识别进行颜色分选。棉、羊毛、涤纶、亚克力、聚酰胺和粘胶纤维等常见纺织品材料都可以被该平台识别并分选出来。同时，该平台还可以根据市场需要进行定制，满足不同分选需要。

瑞典提高纺织品回收利用率的潜力很大。目前，所有纺织品废弃物中只有百分之几被回收利用。大部分都被扔进了家庭垃圾桶，并被焚烧。据估计，瑞典每天有 200 余吨的纺织品被丢弃，而这是一种巨大的资源浪费。除了对气候的影响，纺织生产中还会使用大量的水和化学品。有专家表示，如果我们能够利用已经被制造出来的纺织品，避免生产新的织物，就可以让纺织纤维尽可能长时间地处于循环中。从资源和可持续发展的角度来看，这会给环境带来很多好处。

小 E 提问

你能分别说出风力、磁力和密度分选垃圾的原理吗?

4. 有害垃圾中的电子垃圾该如何分类与回收？

　　电子垃圾（e-waste）一般指的是 waste electrical and electronic equipment, WEEE），即废旧电气电子设备，现在也简称为电子产品。电气电子设备一般指的是那些需要依赖电流或电磁场才能工作的设备。判断一个设备是不是电气电子设备的一个简单的办法是：看看这个设备是不是必须用电源或者电池供电才能正常使用。总之，电子垃圾就是被人废弃不要的电气电子设备和设备中的电子元件。比如说，废旧手机是电子垃圾，损坏或废弃的手机屏幕也是电子垃圾。电子垃圾可以按照如下方式进行分类：

按照制造材料的复杂程度

材料较为简单、危害较轻的：
　　家用电器（冰箱、洗衣机、空调）、医疗及科研电器等；

材料较为复杂、危害较大的：
　　电脑、电视机、手机等。

按照功能分类（以下是欧盟的分类标准）

温度调节器：
　　电冰箱，冷冻柜，空调，电暖气等；

屏幕、显示器和有屏幕的设备：
　　屏幕、电视机、显示器、笔记本电脑、电子阅读器等；

灯泡：
　　荧光灯、高强度放电灯、低压钠灯、LED 灯等；

大型设备（长或宽或高超过 50 厘米的设备，不含前述设备）：
　　洗衣机、干衣机、洗碗机、炊具、电炉、电热板、音乐设备、针织和编织用具、大型计算机主机、大型印刷机、大型医疗器械、大型监控仪器、医疗器械等；

小型设备(长宽高都不超过 50 厘米的设备,不含前述和后述设备)：
　　吸尘器、地毯清扫器、缝纫用具、灯具、微波炉、通风设备、

熨斗、烤面包机、电热刀、电热水壶、钟表、电动剃须刀、天平、头发和身体护理用具、收音机、数码相机、摄像机、录像机、高保真设备、小型乐器、电气和电子玩具、小型医疗器械等；

小型 IT 和电子通信设备（长宽高都不超过 50 厘米的设备）

手机（智能手机、平板电脑等）、GPS 和导航设备、计算器、路由器、家用打印机等。

上述类别中，有很多都是我们家中常用常见的电子产品。这些电子产品在我们不想再用或者产品损坏的时候，就会被我们处理掉了。那么，电子垃圾里又有哪些原材料呢？换句话说，电子产品是由什么制造的呢？

其实电子产品的制造是比较复杂的，需要的原材料也是十分多样的。举个简单的例子，元素周期表中有 60 多个元素都可在电气电子设备的材料和元件中找到。

一般来说，电子产品的原材料可以被分为四大类：金属、稀土元素、塑料和其他石油化工产品，以及矿物和非金属材料。

有很多金属材料都会用在电子产品的制造中，从便宜量大的铜、铁、铝，到有毒重金属铅、镉、汞，再到"贵金属"家族的金、银、铂，都是常见原材料。一般来说，电子产品一半左右的重量都是金属材料的重量。

稀土元素是元素周期表中镧系元素和钪、钇共 17 种金属元素的总称。稀土最初指稀土化合物，是一个历史遗留下来的名字，但这也说明了稀土元素是十分珍贵且稀有的资源。稀土元素在电子器件中的用量极少，但极为重要，比如对永久磁铁、电池、激光器和荧光显示器来说，稀土元素就是不可或缺的材料。

塑料和其他石油化工产品是除了金属之外用量最多的原材料，一般在电子产品内部发挥隔热和绝缘的功效。塑料也被用来制作设备的壳体，其耐摔、耐磕碰、重量比很多金属轻等特性得到了很好的应用。

在矿物和非金属材料中，一些非金属（或半金属）材料，比如硅，也被用于电子产品的制造中。硅及其衍生物是生产微型芯片和半导体器件的主要基底材料。其他材料，如陶瓷，也被用作绝缘材料。一些粘土、玻璃、钙和碳（以各种形式）也常用来制造电子产品。

既然制造电子产品需要这么多种原材料，而且现在我们也明确知道原材料里含有有毒重金属等物质，电子垃圾的处理就显得格外重要了。

一方面，电子垃圾可能对环境和人体健康造成很大的影响。比如，一台电脑可能有超过700多个电子元件，其中一半以上含有砷、汞、铅等元素；手机中一般含有砷、镉、铅等有毒性的元素。如果这些化学物质被排放到环境中，会造成环境的污染，也可能在生物体中累积，最终可能会进入人体并使得我们的身体健康受到影响。因此，电子垃圾一定要由专门的机构进行收集和处理，以防污染环境和影响人体健康。

另一方面，由于很多电子元件的制造都离不开贵金属、稀有金属和稀土元素，比如电路板中常常含有金这种贵金属，现在流行的充电电池多是用稀有金属——锂来制造的，而一些LED灯需要用稀土元素来进行调色和制造。但是，开采提纯这些元素的能源、人力、经济和环境成本都是非常高的，而且这些元素的资源也是十分有限的，属于不可再生能源。所以，回收电子垃圾中所有可以回收再利用的物质是非常重要的，这样可以帮助和促进我们走可持续发展的道路，避免资源浪费和资源枯竭。

但是，近些年来，我们的手机及其他各类大小电子垃圾的更新换代速度越来越快，因此我们产生的电子垃圾也越来越多了。

2020年联合国发布的《2020年全球电子废弃物监测报告》显示，截至2019年年底，全球2019年产生的电子废弃物总量可以达到5 250万吨，也就是平均每人产生了7.3千克的电子垃圾，这个数据相较于五年前增长了21%。这与电子设备寿命短、维修少、消耗率高的特点是分不开的。相信很多家庭在手机没坏的情况下，每年也都有家庭成员会选择更换一部手机吧？挪威的一项研究显示，大约有1 000万部手机在家里闲置不用，而60%的挪威人拥有超过两部以上正在闲置的手机。

虽然这些电子设备的闲置并不会给别人带来麻烦，放在家里也很难造成环境污染，但是这些电子设备里的珍贵资源确实处于"被埋没才华"的状态，它们没有被使用，也没有被回收再造，而与此同时，还有更多相同的稀有资源在被不断地开采，这被一些环保主义者看作资源浪费的一种表现。

看起来，电子产品在回收之后再报废是一个非常绿色环保的解决方法。但是，全球范围内通过规范手段回收的电子垃圾只占到了17.4%，也就是说，绝大多数的电子垃圾并没有被有效的回收处理。迄今为止，电子废物的回收利用主要集中在提取高容量材料上，如钢、铝、铜、玻璃和塑料等，大量的贵金属和稀有金属没有被回收。

因此，拓宽电子垃圾回收的业务可能会带来可观的经济和环境效益。然而，回收这些材料是很不容易的。我们可以从手机和电脑等废旧电器中回收有价值的金属和矿产品。专家将这种原料采集方式定义为"城市采矿"。一些研究显示，城市开采稀有金属在全球范围内可以回收到的不到其嵌入内容的 1%。所以，我们要做的工作还有很多。

《2020 年全球电子废弃物监测报告》中还指出，电子垃圾的增长速度是生活垃圾里最快的，到 2030 年的时候，全球电子垃圾可能会接近 7 500 万吨，但如果以现在的电子垃圾清运速度来看，10 年后回收电子垃圾的速度是赶不上产生进度的。

总之，我们在扔生活垃圾的时候，一定要妥善且正确地丢弃电子垃圾，才能在保护环境的同时，提高电子垃圾的回收率。比如小型的电子垃圾可以投放到指定的垃圾桶内，大型的家用电器可以找专人上门回收处理。

小 E 提问

你知道制造手机的材料都有什么吗？

你家里有没有废旧手机或其他废旧电子设备呢？要不试试在二手交易平台上卖掉它们吧。

5. 在中国，垃圾分类是如何推进的?

（1）北京

2000 年，在一些社区先行试点垃圾分类后，北京成为全国首批 8 个生活垃圾分类收集试点城市。此后，北京每年有 2 000 万元的专项资金用于垃圾分类工作，并开始推行可回收垃圾和不可回收垃圾的"两分法"。虽说是两分法，在一些小区和单位，北京的可回收垃圾也按类别分开投放。废品回收业保持着蓬勃发展的态势，并在此后的十年间一度成为"黄金产业"。

同年，为了申办 2008 年的奥运会，北京还在申奥报告中表示，一定会大力推广北京的生活垃圾分类，要在 2008 年的时候达到 50% 的城市生活垃圾分类收集覆盖率以及 30% 的垃圾资源化利用率。这一年，北京还流行起了使用再生纸热潮。

2002 年，北京市政管理委员会对北京市的垃圾分类政策进行调整。二分法被调整为六大类，分别是厨余垃圾、可回收物、纸类、瓶罐、电池和其余垃圾。但新的分类方式在实际推行的过程中遇到了很大的阻力，因为新的分类方式较为复杂，又没有强制分类的要求，导致新政的效果并不是很好。

2000—2009 年，北京的垃圾处理设施有了长足的发展，也做了许多新的尝试和试点。北京新建并改造了许多垃圾转运站、填埋场、焚烧发电厂等设施，清理取缔了一些垃圾堆和废品回收站。一些小区试点了生物垃圾处理机、密闭式垃圾处理系统、垃圾就地消纳等项目，为今后北京更好地推行垃圾分类新手段打下了基础。

2010—2020 年，北京又数次调整垃圾分类的方式。比如，2010 年，北京的生活垃圾分为厨余垃圾、可回收物和其他垃圾三类；到 2011 年又改为餐厨垃圾、厨余垃圾、可回收物和其他垃圾四类；2020 年调整后变成厨余垃圾、其他垃圾、可回收物和有害垃圾四类。

北京设立垃圾分类的法律法规和相关政策走在了全国前列。2010 年，北京率先为垃圾分类立法。立法范围涉及和涵盖了生活垃圾从产生到处理的全过程，也第一次提出了要求生活垃圾分类投放和收集的建议。2011 年，北京市又针对生活垃圾收费制度进行改革，提出生活垃圾分类投放可以降低费用的规定，提倡人人都应该形成尽量减少生活垃圾产生并分类投放的观念。不过，虽然北京的垃圾立法走在全国前列，但是由于分类方法一改再改，又缺乏监督和指导，垃圾分类并没有按照预期的标准严格执行。

从 2016 年开始，每一年国家都提出了有关垃圾分类的新要求、新政策和新规划。直到 2019 年，北京作为全国 46 个重点城市之一，正式开始规划生活垃圾严格分类。

从 2020 年 5 月 1 日起，修正后的《北京市生活垃圾管理条例》正式实施。这一次不同以往的是，北京开始强制推行生活垃圾分类政策，并且对违规投放的现象设立了处罚措施。相信这一次大刀阔斧的改革后，北京的垃圾分类可以成功并长久地实行下去。

（2）上海

作为此轮大力推行生活垃圾分类的排头兵，上海进行垃圾分类也有些历史了。

1995 年，上海开始在一些社区试点生活垃圾分类体系，将生活垃圾分成有机垃圾、无机垃圾、有害垃圾几类。

1998 年，上海市又将废电池和废玻璃进行专项的分类回收。

2000 年，上海成了我国 8 个垃圾分类试点城市之一。上海将生活垃圾分类工作列入上海市的三年环保行动计划，沿用先前在试点社区的生活垃圾三分法的分类方式，将生活垃圾分类措施向全市 100 个小区进行推广。随后，有机垃圾和无机垃圾的类别被调整为干垃圾和湿垃圾。到 2006 年，上海市有条件的居住区垃圾分类覆盖率超过 60%。

从 2007 年开始，上海市开始调整垃圾分类方法。生活垃圾开始采用四分类的方法，分为有害垃圾、玻璃、可回收物和其他垃圾。2010 年，上海市有条件的居住区垃圾分类覆盖率超过 70%。2011 年，

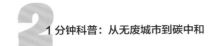

上海市将垃圾分类推行到 1 080 个小区，这次，生活垃圾被分为有害垃圾、玻璃、废旧衣物、湿垃圾和其他干垃圾几类。

随后，2014—2018 年，上海市不断出台垃圾分类的新方案，逐渐形成了可回收物、有害垃圾、湿垃圾、干垃圾的四分法，也是沿用到现在的分类方法。

但总体来说，上海市面临的推行垃圾分类的问题和北京十分类似。比如，垃圾分类的标准历经多次修改，很多居民可能还没有弄明白上一个垃圾分类的标准，结果很快又出台了新的标准。虽然很多社区进行了垃圾分类的宣传，但多数还是以发宣传册和张贴海报为主，实际上并没有取得很好的宣传效果，大家可能随手就将宣传册塞到垃圾桶里了。另外，分类垃圾桶在很多小区也并没有普及，导致小区居民不得不进行垃圾混投，而且即便是分好类的垃圾也可能被一股脑地倒到一个垃圾车里拉走，降低了居民垃圾分类的积极性。

2019 年，为了切实解决垃圾分类的问题，上海市作为全国第一个强制推行垃圾分类的城市，开始落实垃圾分类的政策。上海市对垃圾分类进行了立法，对错误的垃圾分类行为设置了相关的处罚措施。这次，垃圾分类在上海各个小区如火如荼地开展起来，有了强制性的手段，上海的垃圾分类也越做越好。

（3）广州

广州市从 1992 年起开展推广和探索生活垃圾分类。1996 年，广州市政府进行了垃圾分类居民调查工作。1999 年，广州市开始倡议居民进行垃圾分类。在 1999 年前，广州的垃圾分类工作还是以宣传教育为主。

2000 年起，广州市被列为全国 8 个垃圾分类收集试点城市之一。随后，广州市出台了垃圾分类服务细则，将生活垃圾分成不可回收垃圾、可回收垃圾和有害垃圾三大类。同时，广州市还在市区进行垃圾分类试点，如垃圾分类工作起步较早的荔湾区的垃圾分类覆盖率一度达到 100%。

2004 年，"生活垃圾分类收集和分选回收工程"被列为广州市申请承办 2010 年亚运会的 20 项重大环保工程之一。2005 年，越秀区开始对餐厨垃圾单独处理进行试点。2006 年，广州市政府提出力争在 2008 年前在中城区建设生活垃圾回收网络的目标，希望将生活垃圾份额里收集普及率提高到 75%，生活垃圾分类收运处理率提高到 40%。

2009 年，广州某地爆发了当时轰动全中国的"垃圾焚烧厂选址风波"，并且该风波持续发酵，项目始终没有得到推进。2011 年 4 月，政府召开"垃圾综合处理（焚烧发电厂）"新闻发布会，向市民介绍垃圾焚烧发电厂的新规划和备选地点等相关情况，并在后续建设工作的每一重大时间节点向社会公开情况。2015 年，重新选址的广州市第四资源热力电厂最终落成，该"风波"告一段落。这一事件给广州乃至全国的垃圾管理工作上了宝贵的一课，让各地之后的垃圾管理工作更加充分考虑民意，在尊重当地居民意愿的情况下作出更科学的规划。

2010 年，由于"垃圾焚烧厂选址风波"带来的影响，广州市的垃圾分类工作轰轰烈烈地开展起来，一些试点社区开始全面开展垃圾分类的工作。

2011 年，广州市将中心城区的 16 条街道、郊区的 6 个社区及全市的党政机关、中小学校、农贸市场等地划为垃圾分类先行实施区域，并将每月第四周的星期六设定为"垃圾分类全民行动日"。

2012 年，广州市政府成立了"广州市固体废弃物处理工作办公室"，推进固体废弃物的利用和处置工作。同年，广州市召开了"广州市生活垃圾分类处理部署动员大会"，参会人员多达 3 000 余人，并在大会前后开展和举办了一系列有关垃圾分类的活动，以宣传和推动垃圾分类工作的进行。

2014 年，广州市以社区定时定点分类投放模式为主、多种收集方式并存的生活垃圾分类收集方式在全市推广，并建立了垃圾分

类示范街和示范镇。

2019 年，广州市下发具有当地特色的居民生活垃圾分类投放指南，准备在全市推广进行垃圾分类工作。

2020 年，广州市正式开始强制性垃圾分类工作，垃圾分类走入千家万户。

（4）台湾地区

20 世纪 90 年代初，台湾地区开始提倡垃圾分类回收，还设立了纸、塑料、玻璃、金属分类垃圾桶。这些垃圾桶长得非常有特点，一度成为台湾地区的一道风景。可是，当时很少会有人主动去把垃圾放到这些分类垃圾桶内，也没有人去监督垃圾分类对不对。而且，当时在规划和兴建焚烧厂时，台湾地区政府并没有考虑到垃圾管理应考虑从源头减量，并且对要焚烧的垃圾进行分类等措施，对垃圾焚烧后产生的剧毒物质二噁英也没有进行有效的处理，因此又引发民众的强烈不满，所以政府后来不得不停建垃圾焚烧厂并重新制订垃圾管理方案。

90 年代中后期，台湾地区开始制订并实行一系列的垃圾分类回收措施。首先台湾地区确立了生产者责任制，也就是让一些生产和销售塑料瓶、金属瓶、玻璃容器、塑料包装、电池等产品的厂商负责回收这些废弃物。然后，台北市开始先行试点"垃圾不落地"的政策，要求市民必须将垃圾分类后交给垃圾车收运。1998 年，马英九当选台北市长后更是将垃圾分类和回收作为推进台北城市的重要一环。马英九在任期间，逐步推动了清运垃圾车定时回收垃圾的政策，在学校、社区和媒体上大力宣传垃圾宣传的措施，派出公务员每天进社区游说和督导市民进行垃圾分类，最后才让全台北人配合并养成了定时扔垃圾的习惯。随后,台湾地区开始倡导生活应从源头减量，提倡垃圾分类回收。

2005 年，台湾地区十个县市正式实行垃圾强制分类计划，从源头减少需要送去垃圾处理厂的垃圾，进行资源化垃圾的回收，并在 2006 年将政策推广到整个台湾地区。

后来，台湾地区政府本着"多扔垃圾多付费"的原则，出台垃圾袋收费的政策，以敦促人们减少垃圾的产生。为了抵消民众的抵触情绪，垃圾焚烧发电厂产生的一部分电力会用来回馈附近的居民，让大家对垃圾分类和环境保护更有热情。

现在来看，这些政策还是十分有效的，比如原本台北市每人每天大概会产生 1.34 千克的垃圾，在实行垃圾分类后，这一数字下降到 0.39 千克。以前有填不完、烧不光的垃圾，近些年有些垃圾焚烧厂不仅无垃圾可烧，有时竟然还需要挖出之前填埋的垃圾进行焚烧。一些以前规划的 30 年就会被填满的垃圾场，现在没什么垃圾被送过来填埋了。就这样，曾经被垃圾问题困扰的台湾地区，如今变成了资源回收率高、垃圾处理得好的典范。

6. 其他国家的垃圾分类是如何推进的？

（1）瑞典

瑞典是世界上垃圾分类做的最好的国家之一，垃圾的回收利用率甚至可以达到 99% 以上。不仅如此，近几年瑞典甚至会从英国等国家进口垃圾进行处理，做起了"垃圾生意"。

但这样的成果也不是一蹴而就的，瑞典经过了 40 多年的努力才取得了今天的成就。1975 年，瑞典只有 38% 的家庭垃圾被回收利用，但是在 2020 年已经基本实现了"零垃圾"的目标，建设了以斯德哥尔摩为代表的无废城市。现在瑞典正在向着建设"零碳城市"迈进。

瑞典从 20 世纪 70 年代开始逐渐实行严格的垃圾管理政策，80 年代左右就开始推行严格的垃圾分类政策了。但政策刚开始推行的前几年，很多瑞典家庭也没有遵循垃圾分类的要求，依旧把所有垃圾都混在一起倒入垃圾桶中。为了监督社区居民进行有效的垃圾分类，政府当时安排了垃圾督导员在垃圾收集点附近对居民的垃圾分

类进行指导，并对随便扔垃圾的行为进行处罚。很快，政府发现仅仅通过督导和处罚的方式无法让人们真正"心甘情愿"地进行垃圾分类，一些居民也不理解为什么要进行垃圾分类。

为了让垃圾分类政策持之以恒地推进下去，也为了子孙后代仍然能拥有一个资源丰富、环境优美的地球，瑞典在 20 世纪 90 年代左右开始大力推动环境教育工作。瑞典制定了详细的教育方针，针对不同年龄层的居民设计了不同的环境教育内容，逐渐让瑞典人认识到垃圾分类的价值和重要性，让人们从被迫进行垃圾分类转变到愿意主动进行垃圾分类。

在 20 世纪 90 年代加入欧盟前后，瑞典不仅支持并遵循了欧盟关于环境及垃圾分类的各类法令，还起草制定了许多针对本国垃圾分类的法律法规，进一步从法律层面上保证垃圾分类政策的有效实施。比如，瑞典在 1994 年推出了"生产者责任制"，即要求产品的生产厂商负责回收或出资找公司回收自己产品的外包装。同时，产品的生产厂商必须在产品的外包装上详细注明回收类别和回收方式，引导居民正确地进行垃圾分类。

此后，瑞典又出台了垃圾填埋税、禁止填埋可燃废弃物及禁止填埋有机废弃物等政策，不断提高垃圾分类和垃圾资源化利用的比例，推动整个国家的垃圾资源化利用的步伐。另外，瑞典还要求对垃圾清运及处理实施收费，瑞典的城市政府每年为垃圾处置支付的费用大约为每人 769 瑞典克朗（约为 510 元人民币），每个家庭每年为垃圾处置支付的平均费用约为 2 035 瑞典克朗（约为 1 350 元人民币）。[①]

通过不浪费任何可以再利用的垃圾以及回收 99% 的废弃物，瑞典正朝着实现零废物和可持续发展的目标迈进。

---

① 瑞典虽是欧盟国家，但瑞典没有加入欧元区，货币还是使用瑞典克朗。依照 2024 年 12 月 30 日的汇率，1 瑞典克朗 ≈0.6635 元人民币。全书统一依据此汇率，不再一一加注。

（2）德国

○ 20 世纪早期至两德统一前

德国拥有悠久的垃圾分类历史。回溯历史，1907 年的德意志帝国就开始实施城市生活垃圾分类了。那时的制度并不是强制性的，相关政策也没有严格的执行。尤其是两次的世界大战更是让德国人无暇顾及环境保护和垃圾分类这种"小事"。

第二次世界大战之后，德国分裂成了联邦德国和民主德国，两边的国家都在 20 世纪 60 年代前后开始系统地制定垃圾分类相关政策和法规，在很多事情上都相对立的两国居然在垃圾分类上达成了一致。但整体来说，这些垃圾分类政策并没有起到很好的效果。

到了 20 世纪 70 年代，经济高速发展、城市不断扩张的德国也开始面临"垃圾围城"的问题，生活垃圾管理混乱，一些垃圾就直接堆放在城内城外，导致周边的地下水遭到严重污染。

为了解决垃圾问题，保护德国本来就略显匮乏的自然资源，联邦德国在 1972 年颁布了《废弃物处理法》，推动发展生活垃圾的系统化管理，让生活垃圾从胡乱堆放向集中清运、分类处理转变。70 年代末，联邦德国兴起"垃圾经济"的热潮，越来越多的德国人开始意识到垃圾分类、环境保护和人民健康之间的紧密联系，更多的人开始注重垃圾分类。

1986 年，联邦德国将《废弃物处理法》修改为《废弃物避免及处理法》，首次在正式法律文件中引入"减少垃圾产生"的理念，敦促人们在源头减少垃圾的产量，从而减轻后端垃圾处理的负担。

○ 两德统一后至近期

1990 年，德国统一了。统一后的德国政府更加重视生活垃圾管理的问题，并逐步推动国内的废弃物管理相关法律法规的完善。统一后，德国颁布了《包装条例》，要求德国的各个生产厂家和产品的销售商对产品包装产生的垃圾负责，也就是说要他们出钱或出力负责回收废旧的包装，让废旧包装的有用部分进行循环利用。

1996 年，《循环经济与废弃物管理法》出台，该法案明确了"谁

污染谁治理"的德国生活垃圾管理原则，要求可循环回收的所有材料必须在分类收集后进行循环利用。在《包装条例》和《循环经济与废弃物管理法》的基础上，德国逐步开始建立"双向回收体系"，也就是现在的"绿点"系统。这个系统的特点是法律要求产品的生产方、包装方、销售方和政府垃圾管理部门一起投资建立专业的垃圾回收公司，由回收公司负责集中清运回收消费者产生的废弃包装，并分门别类地送到相对应的回收处理厂进行循环使用。

2005 年，德国开始执行比欧盟的《垃圾填埋指令》更为严格的法律法规，要求德国所有的生活垃圾必须接受处理后才能进行填埋，也就是说，未经处理的生活垃圾均不得直接被填埋。

2016 年，德国新颁布了一项针对家电的回收法案，该法案规定了电器的零售商有义务免费提供电器的回收服务。

据不完全统计，德国联邦政府和各地方政府目前的环保法律和相关规定多达 8 000 多部。因此，德国也是世界上目前环境保护体系拥有最完善的法律支持的国家。立法详尽，执法更严。为了推动生活垃圾分类的有效进行，德国还设立了不少针对垃圾分类的收费和罚款制度。

此外，垃圾回收制度的不断完善、更多新技术运用到垃圾分类和处理的流程中，以及持续不断地对国民进行垃圾分类和环保教育，让德国生活垃圾回收率达到 65%，并且 99% 的废塑料都可以被回收。

(3) 日本

说到日本，干净整洁的街道和事无巨细的垃圾分类都是现代日本的代名词。但是，日本的生活垃圾管理也经历了一番波折，起起落落，最终才取得了今天这样的成果。

公元 1900 年，伴随着明治维新的热潮，日本开始推行第一部垃圾收集与垃圾处理的法规，即《污物扫除法》。随后，1920 到 1930 年，日本开始在东京建造垃圾焚烧厂，同时也对该法规进行了修订。第二次世界大战开始后，日本忙于战争，无暇顾及国内城市卫生建设。

20 世纪 50 年代后，日本进入了战后的经济高速增长期。经济发展助推了社会的发展和生活水平的提高，与之而来的是日益加剧的工业污染和与日俱增的城市生活垃圾。那时，垃圾在日本街头随处可见，人们也没有随手收走垃圾或将垃圾分类的习惯，东京也遇到了垃圾围城的问题。

为了缓解垃圾带来的污染问题和城市卫生问题，1954 年，日本政府将《污物扫除法》修订为《清扫法》，中央政府开始援助各个地方政府进行垃圾管理，日本各地开始兴建垃圾填埋场和焚烧厂。其中东京更是想走在日本国内各大城市前列，却也跌了个大跟头。

1956 年，东京政府开始实施一个雄心勃勃的十年规划，计划在东京都的各个区都建设垃圾焚烧厂，将垃圾简单地分为可燃垃圾和不可燃垃圾两大类。可燃垃圾会被统一运到焚烧厂焚烧，不可燃垃圾统一送到南部进行填海处理。也是在同一时期，为了筹备 1964 年的东京奥运会，东京开始推广"首都美化运动"，希望通过此次活动让国民参与到垃圾分类和环境保护的进程中。

但是，好景不长，在 20 世纪 60 年代，因为东京杉并区居民强烈反对将垃圾处理厂的地址放到本区，东京政府只能将垃圾填埋的地点选到江东区，并将杉并区的垃圾运到江东区进行处理。虽然江东区古时曾经就负责过填埋东京的垃圾，该区甚至还有"东京最后的垃圾桶"的称号，但该区居民还是十分不乐意接受这样的决定。东京政府一再向居民承诺，一定会防止垃圾产生污染和危害，垃圾处理厂最后还是建在了这里。东京政府也一度想要把垃圾运到其他县市进行填埋，但遭到了一致反对。江东区不得不承载东京其他各区无法处理的过量垃圾。

因为技术的局限性，海量的生活垃圾不经分类和处理就被倾倒到江东区的填埋地，导致江东区的土壤水流都被严重污染，卫生状况也十分糟糕。还有一些垃圾也被送到江东区的焚烧厂焚烧，有毒有害气体伴随着黑色烟雾扩散到空气中，造成了严重的空气污染。对此，江东区的居民苦不堪言、怨声载道，毕竟谁也不想忍受这样

的生活环境。

更糟糕的是，1965 年，江东区爆发了"蝇灾"，苍蝇多到在外晾晒的衣服在两个小时内就会爬满苍蝇的程度，人们十分担心苍蝇可能带来的疾病。居民想要逃离这样的生活，但也只能提出反对意见，情况并没有得到改善。

在 1970 年前后，江东区的居民忍受不了每天被倾倒垃圾的命运，被载入日本历史的"东京垃圾战争"爆发了。某一天，他们团结一致，将所有的垃圾车拦在本区的入口之外，只有那些同意在本区建设垃圾处理设施的地区垃圾车，才可以进到江东区倾倒垃圾。这次抗议事件真正引起了东京政府的关注，东京政府准备用强硬的手段解决垃圾无处去的问题。但杉并区依然蛮横，拒不接受在本区建设垃圾厂的决定，而江东区在接下来的一段时间里，依旧是被迫接收垃圾的地区。

到了 1972 年，杉并区激增的垃圾超过了市政能清运的容量，东京政府为了收集这些垃圾，便在杉并区内建造了一个临时的垃圾收集所。结果杉并区居民群情激愤，竟然还有人直接殴打政府的工作人员。这样的行为让江东区的居民再一次寒了心。一周后，他们在本区的各个入口设立了检查站，所有来自杉并区的垃圾车都被拒绝入内。

一年后，江东区的居民又一次进行了这样的反抗，致使杉并区的垃圾无处可去。在初夏的时节，杉并区的垃圾只能堆放在街头发烂发臭，政府不得不动用消毒车进行消杀。这次事件让杉并区不得不同意在区内建设垃圾处理厂。江东区也得到了政府的政策和资金扶持，开始对垃圾处理设施进行改造。随后几年，随着杉并区垃圾处理厂开始运作，"东京垃圾战争"逐渐落下帷幕。

旷日持久的"东京垃圾战争"让日本政府深刻地意识到了垃圾分类、垃圾处理和环境保护的重要性，也从中吸取了经验教训，开始合理制定垃圾管理政策。

从 20 世纪 80 年代开始，日本政府开始推行简单的垃圾分类政策，培养国民垃圾分类的习惯。同时，日本对国民开展垃圾分类教育工作，环卫局会与居民讨论垃圾问题，宣传垃圾分类和处理的重要性，邀请民众参观垃圾处理厂，政府和学校针对中小学生还开设了环境教育的课程和专项宣传活动。

　　1990 年以后，日本开始将垃圾分类方法细化和完善。在这个时期，日本从源头开始进行垃圾的减量化，并且通过垃圾分类的手段，将更多的垃圾进行资源化的利用，大量的垃圾被送去焚烧厂焚烧，降低了垃圾的填埋率。

　　进入 21 世纪，日本开始建设循环性社会，出台了专门针对垃圾管理的《促进建立循环社会基本法》。各地纷纷设置了极其严苛的垃圾分类制度，将垃圾分拣的主要工作转嫁到民众身上，以减轻垃圾处理时需要再次分拣的成本和负担。

　　虽然日本的一些地区也针对垃圾乱扔、错扔的现象设置了高额的罚金，但和其他国家不太一样的是，日本更多的地方没有相应的垃圾处罚措施。在没有相应处罚的情况下，日本依靠邻里之间的监督和国民的高度自律性保证了垃圾分类的准确性和有效性，也是让人啧啧称奇。

　　东京则进行了"都区制度改革"，在新的制度体系下，东京政府将垃圾清运和处理的主要工作都分到下辖的各个区，各区政府自己负责本区垃圾的清运和处理。如果本区没有能力处理本区的垃圾，可以支付垃圾处理费，让其他的区来处理。各区都无法处理的一些垃圾，才会由东京政府经过审批后进行处理。在垃圾战争中受害的江东区，则因为具备完善的垃圾处理设施，做起了垃圾处理生意，每年可以收到 2 亿日元(约为 925 万元人民币)[1] 以上的垃圾处理费。而各区政府为了减轻垃圾清运和处理的人力与经济负担，都积极地倡导本区居民减少垃圾的产生和加大垃圾的回收与再利用的比例。

　　就这样，随着垃圾分类制度的不断完善，日本不仅做到了严谨细致的垃圾分类，还将此变成了一种新的民族文化。

---

[1]　依据 2024 年 12 月 30 日的汇率，1 日元 ≈0.0462 元人民币。全书下同，不再一一标注。

7. 中国部分城市的垃圾分类标准及相关指南是什么？

（1）北京——垃圾分类意识大大加强

《北京市生活垃圾管理条例》（简称《条例》）于 2012 年 3 月 1 日首次实施，2019 年第一次修正后于 2020 年 5 月 1 日施行。2020 年 9 月再次修正，为现行版本。北京市着力推进厨余垃圾的分类和减量。据报道，截至 2020 年 11 月 3 日，北京家庭厨余垃圾分出量大幅增加，从修订后的《条例》实施前的 309 吨/日，增长到 3 946 吨/日，增长了约 12 倍。同时，北京居民家庭厨余垃圾分出率达到 19.79%。加上北京市餐饮服务单位厨余垃圾为 1 857 吨/日，北京厨余垃圾总体分出量达 5 803 吨/日。虽然分出率仍然不是很高，但居民的垃圾分类意识大大加强了。

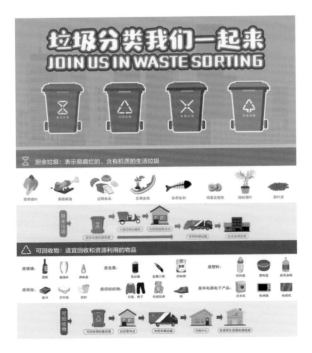

资料来源：北京市城市管理委员会。
http://csglw.beijing.gov.cn/sy/syztzl/shljfl/201912/W020200527400869552296.png。

（2）上海——部分街道开始试点就地处置湿垃圾

　　想必大家对上海使用的"湿垃圾""干垃圾"的命名方式还有印象吧！上海是中国本轮新政最早强制要求垃圾分类的城市，从 2019 年 7 月 1 日起实施《上海市生活垃圾管理条例》。

　　实施一年多以后，上海市也在拓展更多更好的处理湿垃圾（即厨余垃圾）的方式，设立了一些试点社区和街道进行探索。

　　作为上海市探索湿垃圾就地处置的试点地区，虹梅街道在下辖的大型小区配备了专业的湿垃圾处置设备，将小区居民家庭产生的湿垃圾就地处置，节省了垃圾清运的成本。2020 年，虹梅街道每天有 40 到 50 吨的湿垃圾产出。在经过脱水脱油的处理工序后，剩余的湿垃圾残渣会与生物菌肥搅拌混合，装袋后集中送去指定场地进行堆肥。同时，虹梅街道的湿垃圾集中处理站还是一座小型的湿垃圾处置科普馆，即徐汇区市民环保体验中心，帮助周边的居民了解自己扔掉的湿垃圾是怎样经过处理变废为宝的。除此之外，虹梅街道还鼓励社区保洁员对居民扔掉的可回收垃圾进行细分类，也就是将混合在一起丢弃的可回收物按照纸张、塑料、玻璃、金属、纺

织品等种类进行分类，街道为保洁员提供货架、分类箱、可回收物的暂存点等。细分类后，街道鼓励保洁员将可回收物卖到指定回收网点，卖废品挣的钱允许保洁员自己收入囊中，作为额外创收。

资料来源：上海市绿化和市容管理局。

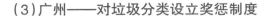

（3）广州——对垃圾分类设立奖惩制度

　　广州市在 2018 年 7 月 1 日实施了《广州市生活垃圾分类管理条例》。条例实施后，广州市强化了执法力度，在 2018 到 2019 年就对垃圾分类问题开出了 205 宗罚单，罚款金额约 8.68 万元。同时，广州市在中心区域的各大小区逐步配备分类收集容器，并且拒绝收运分类不合格的垃圾。

　　两年后的 2020 年 7 月 1 日，为了更好地推动生活垃圾的减量和分类，广州市实施了《广州市生活垃圾源头减量和分类奖励暂行办法》。在接下来的三年内，广州市每年拿出 800 万元奖励在生活垃圾源头减量和分类工作中成绩突出、具有较强示范引领作用的单位、家庭和个人。依据该办法，广州市每年开展一次奖励工作，奖励单位 1 000 个、家庭 2 000 户、个人 3 000 人，并且单位最高可获奖励 3 000 元，个人最高可获奖励 1 000 元。

　　同时，广东省也在逐步探索推进垃圾分类的相关措施。2020 年 10 月 27 日，《广东省城乡生活垃圾管理条例（修订草案修改征求意见稿）》开始向社会各界公开征求意见。这份条例指出：任何单位和个人，未按分类规定投放生活垃圾的，由县级以上人民政府环境卫生主管部门责令改正；情节严重的，对单位处 5 万元以上 50 万元以下的罚款，对个人处 100 元以上 500 元以下的罚款。

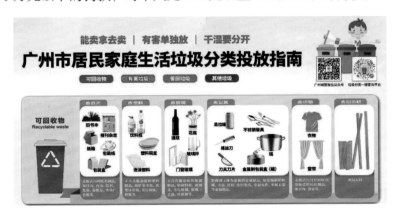

资料来源：广州市人民政府。

（4）台湾地区——垃圾车成为一种文化符号

台湾地区从 20 世纪 90 年代开始实行"垃圾不落地"的政策，并在 2005 年开始推动垃圾强制分类，在 2006 年 4 月 1 日开始对垃圾分类进行罚款。

目前，台湾地区的垃圾一般分为资源垃圾、厨余垃圾和普通垃圾三类，小区和道路上很少有垃圾桶，所以居民需要将垃圾带到自己家中进行分类。倒垃圾的时候，居民也需要自行购买规定的垃圾袋，购买垃圾袋的费用就包含了垃圾费，故台湾地区不再额外收取垃圾费。因此，如果想要少花钱买垃圾袋，居民就需要自己想办法尽可能地减少垃圾产量。

　　台湾地区执行的是"定时定点投放垃圾"的政策。也就是说，台湾居民要把分好类的垃圾在规定的时间，拿到特定的地点，经垃圾车的保洁人员检查后，才能把垃圾扔到特地前来的垃圾车上。如果居民没有用规定的垃圾袋装垃圾、错分了垃圾，或是乱扔垃圾，都可能面临着高额罚款！因此，在台湾地区，见到有人提着垃圾袋追赶垃圾车也成了一件常见的事。另外，台湾地区的一些垃圾车会悬挂很多可爱的毛绒玩具，让垃圾车也变得可爱起来，让更多的人（尤其是小朋友）来扔垃圾的时候也有好心情。

　　说到垃圾车，就不得不提一提台北颇具特色的垃圾车音乐。在台北街头，大家可能会听到《少女的祈祷》和《致爱丽丝》等音乐声从耳边飘过，不了解台湾地区的人可能很难想到，这居然来自收垃圾的垃圾车。

　　可以说，垃圾车已经成为台湾文化的一部分，也成了台湾地区的一个代表符号。罗大佑曾以垃圾为主题创作歌曲。除此之外，五月天乐队在 2004 年就干脆以《垃圾车》为标题写了首歌，选送去争取亚洲大奖。乐队成员在接受采访时说道："台湾的垃圾车会唱歌，听到音乐，我们会及时把垃圾拿出去倒……"那几年，歌中的名句"你若欢喜，我是你的垃圾车，每天，为你唱歌……"也在大街小巷传唱。

　　2015 年底，台北市还举办了"追着垃圾车游台北"的公共艺

术表演活动。这个活动在三条垃圾车清运路线上开展，邀请艺术家与环卫工人一起出动去收垃圾，并且在民众来垃圾车丢垃圾的时候，通过行为、戏剧、装置、音乐等艺术形式，与居民进行互动，将出门倒垃圾变成一种艺术行动，还进行了有关垃圾和垃圾分类的表演，让人们对垃圾车、丢垃圾和垃圾分类有了更有趣的体验，从侧面让大家更愿意参与到减少垃圾和垃圾分类的行动中来。

2006年4月1日起「垃圾未分類者」可處以新台幣1200至6000元罰款。

資　　源		
	分 類 細 項	分 類 撇 步
廢紙	1.紙類 2.紙盒、紙箱 3.鋁箔包(利樂包) 4.紙盒包 5.紙餐具 6.購物用紙袋	◎紙類回收前，要先除去塑膠封面、膠帶、線圈、釘書針等非紙類物品。 ◎紙箱或紙盒要先去除塑膠、拆開、壓平後回收。 ◎鋁箔包(利樂包)要先將吸管去除、壓扁後回收。 ◎廢物餐具要先用水略為清洗後回收。
廢鐵 廢鋁	1.鐵容器、鐵製品(如食品罐頭、鐵鍋等) 2.鋁容器、鋁製品(如飲料鋁罐、鋁門窗外框等)	先倒空容器內之殘餘物，用水略為清洗後回收。
廢塑膠	1.塑膠容器(如寶特瓶、養樂多瓶等) 2.塑膠類(含保麗龍、免洗餐具) 3.保麗龍緩衝材 4.塑膠製品(如牙膏軟管、塑膠架等)	◎塑膠容器去除瓶蓋、吸管、倒空內容物、洗淨瀝乾後回收。 ◎塑膠類(含保麗龍)免洗餐具先去除食物殘渣，略加沖洗後再回收。
廢玻璃	1.玻璃容器(如酒瓶、飲料瓶等) 2.玻璃製品(如玻璃杯、玻璃盤等)	◎玻璃容器去除瓶蓋、吸管、倒空內容物、洗淨瀝乾後回收。 ◎玻璃製品用報紙包好後回收。
廢乾電池	鹼性電池、鋰電池、鎳鎘電池、水銀電池、鎳氫電池、充電電池等(包括手機電池、鈕釦型電池等)	乾電池體積小，且含有害物質，可先收集在回收筒，集中回收。
日光燈管	日光燈直管	日光燈管易破碎，且含有害物質，可先收集在回收筒集中回收。

其他體積較大之資源垃圾，如廢車、廢輪胎、廢家電、廢資訊物品等，可通知地方清潔隊安排回收或打資源回收專線：0800-085-717(您幫我清一清)，聯繫回收商處理。

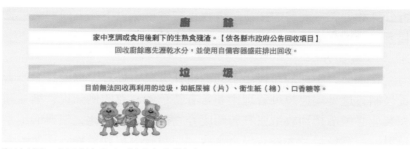

资料来源：中国台湾地区环境事务主管部门。

8. 瑞典的垃圾分类是如何推进的？

　　瑞典是世界上垃圾分类和垃圾处理做得数一数二的国家。瑞典的生活垃圾回收率在 50% 以上，垃圾填埋率不到 1%！这是很多国家都难以企及的，而可以做出这样的成绩，准确有效的垃圾分类功不可没。

(1) 瑞典的垃圾分类标准

　　瑞典不同地区有着不同的生活垃圾分类标准，但各个地区的标准又大致相似。瑞典的生活垃圾大致被分为 7~12 类，一般包括厨余垃圾、可燃垃圾、大件垃圾、纸张、纸类包装、塑料包装、金属包装、玻璃包装等，瑞典居民平时也会按照这几大类将垃圾进行分类。要注意的是，瑞典的厨余垃圾被要求装到专门的袋子里扎紧袋口，这些袋子可以在超市里买到。细分下去，瑞典的生活垃圾也会被分为 20~30 种，但这些工作一般是需要去专门的回收中心进行回收并在工作人员的指导下完成。

(2) 瑞典的居民生活垃圾清运收集系统

　　一般来说，垃圾类别决定了当地采用何种清运系统收集垃圾。然而，在某种程度上，不同的收集系统也反过来决定了垃圾如何进

行分拣和分类。瑞典的生活垃圾收集体系可从以下几方面归类：责任方、清运方式、收集地点和收集系统。

○ **责任方**

在瑞典，不同的垃圾由不同的责任方负责处理，也就是生产者责任制，这是瑞典垃圾管理中非常有特色的一点。例如说，纸业和包装业必须承担回收纸张和包装废弃物的责任。因此，瑞典的厨余垃圾、可燃垃圾和大件垃圾由市政部门负责收集和运输，而生产者负责收集和运输报纸杂志、纸质包装、塑料包装、金属包装、"白"（透明）玻璃、"绿"（彩色）玻璃、废弃电器和各类电子设备。

○ **清运方式**

瑞典的生活垃圾清运方式大致可以分为上门回收和定点回收两大类。上门回收（door-to-door collection）是由垃圾清运公司在指定的时间、地点上门来进行垃圾收集。一般厨余垃圾和可燃垃圾都是使用这种收集方式。定点回收大致包括垃圾收集点（collection point）、回收中心（recycling center）、PANT 押金 – 退款饮料瓶罐收集系统这三种方式。

垃圾收集点是在居民聚居区附近设立的垃圾站，一般可回收垃圾由居民自行带到这种垃圾收集点丢弃。

回收中心是瑞典每个地区或城市都会有的市政设施，大型垃圾、有害垃圾和其他大家不知道该怎么分类丢弃的垃圾通常都可以送到这里，找到正确的归宿。

PANT 饮料瓶罐收集系统是瑞典非常有特色的一个回收系统，该系统采用的是饮料包装押金制度，即销售点出售饮料时，收取饮料容器的押金；当消费者退还饮料容器时，销售点向消费者退还押金。瑞典的押金 – 退款制度就简称为 PANT 系统，类似的制度近些年在德国、冰岛、芬兰、挪威、丹麦、荷兰等国也有应用。举个简单的例子，你在商店买了一瓶水，这瓶水的售价里包括了塑料瓶的押金，并且你的收据上会显示具体的押金是多少。当你喝完这瓶水后，如果你把瓶子放进特定的 PANT 饮料瓶罐回收机里，就可以拿到退还的押金。PANT 回收设备一般在超市等销售点十分常见，方

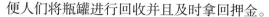

便人们将瓶罐进行回收并且及时拿回押金。

○　收集地点

瑞典居民的生活垃圾收集地点基本分成公寓（apartment/flat）和别墅（house）两类。

大多数瑞典公寓的垃圾收集方式跟我国公寓楼的垃圾收集方式大体相似，即把家里收集好并分好类的垃圾带出家门，丢到楼内或小区里的分类收集垃圾桶内。住在这种小区里，居民不用在意垃圾的收集时间，随时都可以扔垃圾，垃圾清运车会定时来小区清空垃圾桶。一般瑞典小区的垃圾收集点都会配备厨余垃圾、可燃垃圾和各类常见可回收垃圾的垃圾桶；一些小区还会提供大型垃圾和有害垃圾的收集服务；个别小区只有厨余垃圾和可燃垃圾的公用垃圾桶，甚至可能需要钥匙或刷卡才能打开，防止非本小区的居民把垃圾扔进来，因此，其他的垃圾都需要居民自己把垃圾带去附近的垃圾收集点或回收中心进行处理。

瑞典的别墅区一般采用垃圾上门收集的方式，也就是垃圾车定时来门口收垃圾。住别墅的家庭会自行配备大垃圾桶，通常是一或两个。下图展示了瑞典别墅家庭在 2019 年用到的垃圾收集系统比例：一半以上的家庭配备了两个垃圾桶，一个用来收集厨余垃圾，另一个收集其他垃圾（也就是可燃垃圾），其他的垃圾需要居民自行带去附近的垃圾收集点或回收中心进行处理。近五分之一的家庭配备了一个垃圾桶收集厨余和可燃垃圾，其他垃圾要去垃圾收集点或回收中心丢掉。近四分之一的家庭配备了新式的多格垃圾桶，一般来说，一个多格垃圾桶有四个主要格子，一家会配有两个多格桶，其中一个垃圾桶装的是包装纸和报纸、厨余、可燃垃圾和彩色玻璃，清空的频率相对较高，而另一个装有透明玻璃、金属、塑料包装和报纸，清空的次数相对较少，一些多格垃圾桶还会另外配有一个小盒子，用来装废旧电池、灯泡、小型电子器件等小型常见有害垃圾，垃圾车可以一车带走这些垃圾；还有少部分家庭选用了光学分拣系统，我们后面会讲到。

两个独立的垃圾桶
（一个用于收集厨余垃圾，一个用于其他垃圾）

只使用一个垃圾桶

一个垃圾桶里有多个格子
（主要是四分格的垃圾桶）

通过不同颜色的垃圾袋实现光学分拣
（通常厨余垃圾和其他垃圾会用不同颜色的袋子，也有厨余垃圾、其他垃圾以及报纸/包装废弃物的情况）

资料来源：2023 Swedish Waste Management Report by Avfall Sverige。

○ **收集系统**

除了上面提到的常见的居民生活垃圾收集清运系统，瑞典还开发运用了一些新系统、新技术，比如真空自动收集系统（automated vacuum system）、光学分拣（optical waste sorting）和厨余垃圾破碎机。

真空自动收集系统一般用于公寓小区的垃圾收集，这个系统可以将不同的垃圾分类放入设置好的通道内，自动控制系统通过地下通道收集转运垃圾到集装箱内，节省人工成本。下图为自动收集系统。

光学分拣是将厨余、纺织、塑料包装、纸质包装、纸类、金属等垃圾分类放入不同颜色的垃圾袋内，这些垃圾袋可以放入同一个垃圾桶中。在被运输到垃圾处理厂后，这些袋子可以通过光学技术进行分拣。值得注意的是，光学分拣并不包括玻璃制品，这是出于玻璃破碎可能会划破垃圾袋的考虑。光学分拣可以用于公寓小区的垃圾收集，也可以用于别墅垃圾的收集。

瑞典还有一些家庭安装了厨余垃圾破碎机，这是一种可以将厨房的所有食物垃圾（包括残羹剩饭、果皮菜叶、骨头鱼刺、蛋壳果壳、玉米棒芯、咖啡渣、茶叶渣等）粉碎后冲入下水道的一个小家电，方便居民及时处理厨余垃圾，减轻了厨余垃圾的处理负担。

（3）瑞典的公共区域垃圾收集情况

在瑞典的公共区域，垃圾收集设施基本上会根据所在区域的垃圾处理政策进行收集系统的装配。因此，各个地方，各个区域的收集系统可能都有所不同，市民和游客必须要根据所在区域的分类指南分拣垃圾。比如，学校、路边、公园等地可能都有不同的收集策略和分类标准，并配备相对应的收集系统。

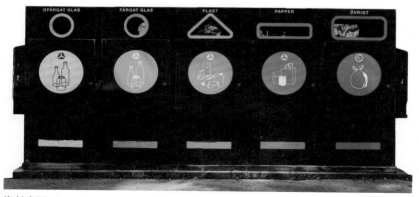

资料来源：https://smartcitysweden.com/wp-content/uploads/2017/10/simon_paulin-waste_managementjpg.jpg.

瑞典的旅游胜地和很多大学的垃圾桶上都标有英语并画有相关标识，以帮助国际游客和国际学生进行正确的垃圾分类。为了帮助人们正确地进行垃圾分类，瑞典有些公共垃圾桶的入口是针对不同种类的垃圾设计的。比如，你很容易把瓶子扔进收集瓶子的垃圾桶里，但你很难把瓶子塞进收集纸张的垃圾桶里。或者说，当你拿着瓶子看到废纸回收垃圾桶入口的特殊形状时，你可能就会意识到你正在进行一个不正确的分类。这种设计可以减少人们垃圾分类不正确的概率，同时，这样的设计外加桶上的图例也方便外国人在瑞典进行正确的垃圾分类。

瑞典还在一些地区的公共场所运用了新技术进行垃圾收集。比如智能垃圾桶最近几年在瑞典得到了应用，这种垃圾桶可以自动压缩桶内垃圾的体积，以节省垃圾桶的空间，最多可以存放原始容积五倍的垃圾。智能垃圾桶的使用信息还会发送到终端，让员工知道什么时候应该去那里倾倒垃圾桶。

另外，真空自动收集系统也可以在公共区域使用，可以配备定时或定量清空垃圾并送垃圾到管网内的自倾倒式垃圾桶，垃圾被收集运输后在垃圾厂站再进行分类，瑞典目前在哈马碧（Hammarby）生态城和斯德哥尔摩皇家海港（Stockholm Royal Seaport）等众多地区应用了较多相关设施。下图为自倾倒式垃圾桶。

资料来源：瑞典恩华特公司。

在这些小区，垃圾投放直接通到地下真空垃圾管道。不同的垃圾可以通过不同的管道进行输送，当垃圾储存到一定时间，系统会

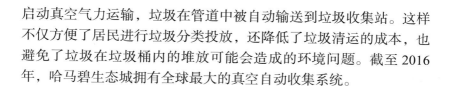

启动真空气力运输，垃圾在管道中被自动输送到垃圾收集站。这样不仅方便了居民进行垃圾分类投放，还降低了垃圾清运的成本，也避免了垃圾在垃圾桶内的堆放可能会造成的环境问题。截至 2016年，哈马碧生态城拥有全球最大的真空自动收集系统。

（4）瑞典的垃圾分类教育工作

想要垃圾分类工作做得好，教育工作必不可少。瑞典十分重视对居民的垃圾分类教育，从幼儿到成人，从本国公民到外国访客，瑞典政府和相关机构都会开展相关的教育工作。

　○　学校教育

瑞典在垃圾分类上的学校教育是从幼儿园贯穿到大学的。在瑞典幼儿园和小学阶段，保持瑞典整洁基金会（Håll Sverige Rent，HSR）组织了"绿色旗帜"项目，完成任务的幼儿园或学校就能获得一个绿旗标志，目前已经有两千多所幼儿园和小学加入了这个项目。瑞典包装和印刷品回收组织 FTI 也专门为学龄前儿童设计了一套教学内容，通过卡通小人来教会孩子如何对包装和印刷物进行分类。瑞典斯科纳省西南部的一家垃圾处理机构 VA SYD，为 4~6 年级的小学生们设计了一个专门讲厨余垃圾分类的网站，为学校在垃圾分类方面的教学提供了不小的帮助。

中学阶段同样也有来自瑞典废弃物管理协会 Avfall Sverige 专门设计的"垃圾学校"网站，针对不同的学科为学校提供环保相关的教学资料和灵感。也有环保组织和公司在网站上提供相关的教学课件，帮助老师在课堂上教授学生有关垃圾的知识。到了高中，斯德哥尔摩北部地区的一所学校设计了一套完整的环境教学资料库One Planet，也供瑞典全国的学校使用。

瑞典大学的环境类课程在世界上名列前茅、独具一格。一些大学还在线上平台上开设了一些网课，比如瑞典南部斯科纳省的隆德大学（Lund University）在知名学习网站 Coursera 上专门开设了"绿色经济：斯堪的纳维亚的经验""绿色经济：可持续发展的城市"等免费英文网络课程。

○ 全民教育

对于瑞典居民，各地政府、学校、垃圾处理公司和社区可能都会提供详细的垃圾分拣指南。多数分拣指南为瑞典语，也有一些机构提供英文和其他语言版本的分拣指南。瑞典政府和其他很多机构的网站也会专门设立"环境"或"可持续发展"等相关页面，帮助民众了解最新的环境政策和相关措施，将环境教育和信息传达做到位。

当然，如果居民（尤其是需要暂居或长居瑞典的海外居民）对当地的垃圾分类要求不熟悉，可以求助于邻居、当地政府或者社区。一般而言，瑞典人都会很乐意教别人如何"扔垃圾"，比如如何正确地分类并打包垃圾，还有将何种垃圾送到何处进行收集。

瑞典一些回收中心或相关机构也有针对大众的垃圾回收工作坊，教授大家如何利用废旧物品做出新的东西，一些地方甚至还开设了专门针对废旧物品回收再造的培训课程。比如埃斯基尔斯蒂纳市（Eskilstuna）的 ReTuna 回收商场既是一个只卖二手物品及其改造品的大商场，也是当地的社会技能学校的实践基地。这里长期开办为期一年的"回收设计 - 重复利用"收费课程（2500 瑞典克朗/年，约1659元人民币/年），学员可以从中学到装订、丝网印刷、皮革和皮革缝纫、装修和翻新家具以及刺绣和钩针等各类技能并获得技能证书。

○ 国际视野

瑞典有关垃圾的教育不仅针对本国居住者，甚至连海外游客也不"放过"。为了让海外游客能正确地进行垃圾分类，一些放置在繁华街道或著名景点的垃圾桶上，都会有图标或/和英文说明，方便海外游客将垃圾投入正确的垃圾桶中。

一些游客较多的场所，比如瑞典在国际游客较多的酒店里，甚至会面向国际游客开设垃圾分类的工作坊。这不仅仅是向世界各地游客普及垃圾分类和环保知识，更是瑞典文化输出的一种体现。

（5）瑞典的生活垃圾管理政策

瑞典是欧盟成员国，依照欧盟对于生活垃圾的管理标准，瑞典对生活垃圾设立了一系列的管理措施。比如，瑞典设立了生产者责任制，设定了垃圾填埋税，发布了禁止填埋可燃垃圾和有机垃圾的相关法令等。近几年，瑞典还从国家层面设定了材料回收再利用的宏伟目标。为了方便其他语言的使用者可以更准确的进行垃圾分类，一些瑞典的废弃物管理机构和公司也提供了多语言的垃圾分类指南。比如，下图为瑞典 Gästrike Återvinnare 公司提供的中文版分类指南。

　　瑞典废弃物管理协会 Avfall Sverige 的统计数据显示，2023 年全年，瑞典政府为垃圾处置支付的平均费用大约为每人 1197 瑞典克朗（不含税，约为 794 元人民币），同时，瑞典每个家庭为垃圾处置支付的平均费用约为 2737 瑞典克朗（约为 1816 元人民币）。另外，瑞典通过征收垃圾填埋税，并且每年更新税费，有效降低了垃圾填埋量，现在瑞典的垃圾填埋比例仅有 1% 左右。2000 年，瑞典引入垃圾填埋税，费用为每吨 250 瑞典克朗（约为 166 元人民币）；2024 年 1 月 1 日起，税费已增长至每吨 725 瑞典克朗（约为 481 元人民币）。

家庭垃圾分拣须知

谢谢您进行垃圾分拣，这样使材料可以重新使用，做成新产品。对环保来说，最重要的是您将最危险的垃圾分拣出来并送至专门地点，这样它们将以环保的方式加以处理。

送至有人的垃圾回收中心

危险垃圾
例如：
· 水银温度计
· 剩油漆
· 剩溶解剂
· 废机油
· 化妆品
· 化妆品
· 节能灯/日光灯

请将危险垃圾送到垃圾回收中心，这样您就能确保它们以保护环境的方式得到妥善处理。

电器垃圾
电器垃圾指带电线和电池的东西。
例如：
· 电灶
· 电冰箱和冰柜
· 电脑
· 电视机
· 手机
· 计算器
· 白炽灯
· 卤素灯

电池
所有旧电池都应该送至专门地点。正确的旧电池回收地点是电池回收箱、垃圾回收中心或者销售点。

大件垃圾
例如：
· 旧家具·自行车
· 破地砖
· 其他大件物品

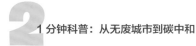
绿色垃圾箱

请将您家中可以燃烧的家庭垃圾，放入绿色垃圾桶。它们将被焚烧并变成热和电。
例如：

- 剃须刀架
- 棉签、棉絮
- 纸尿布
- 牙签
- 用过的猫砂
- 牙刷
- 洗碗刷
- 肉包装袋
- 烤盘纸
- 创可贴
- 烟头
- 卫生棉
- 狗毛
- 尼龙袜
- 牙线
- 吸尘器袋
- 旧鞋
- 洗碗布
- 笔
- 旧内裤
- 信封

棕色垃圾箱

请将您的剩菜剩饭放入棕色垃圾箱。它们将变成富含养分的营养土重返农业，并且用于花园和农田。
例如：

- 水果和蔬菜
- 厨房纸
- 面包
- 咖啡渣
- 肉和鱼骨
- 马铃薯皮
- 花泥

送至垃圾回收站或物业就近分拆点

硬和软塑料包装
例如：

- 果汁桶
- 洗发水瓶子
- 奶酪罐
- 果酱罐
- 塑料袋
- 购物袋
- 咖啡包装
- 塑料膜
- 重灌装包装
- 发泡胶

纸包装
例如：

- 手纸轴
- 通心粉包装
- 牛奶包装
- 糖袋
- 礼品包装
- 鞋盒
- 鸡蛋盒

有色和无色玻璃

将有色和无色玻璃包装分开很重要，因为如果混在一起将无法重新利用。
请勿将瓷器、陶器和灯泡放入玻璃收集容器中。

金属包装
例如：

- 猫食罐
- 盖罩
- 铁皮罐
- 铝箔
- 鱼子酱罐及保护盖
- 点完的蜡烛盒

包装与报纸收集公司（F77）负责瑞典所有的垃圾回收站。欲知更多信息请访问 www.ftiab.se

请记住
最重要的是，要讲危险垃圾交给有人的垃圾回收中心。可考虑避免带双重包装的一次性物品，这样减少垃圾量。

转卖或捐赠
在您要扔的东西中，会有一些对其他人来说尚有利用价值的物品。衣服应该完整和干净，这样才能再使用。可以考虑登广告、在跳蚤市场出售、送人或通过援助机构送给需要者。

资料来源：瑞典 Gästrike Återvinnare 公司官方网站。

9. 德国的垃圾分类是如何推进的？

　　德国的很多生活垃圾分类措施都与瑞典比较相似。例如，德国也通常在居民区附近设立垃圾投放区，垃圾分成生物垃圾、各类可回收垃圾和剩余垃圾，垃圾需要定时清运并按重量计费，使用押金 – 回收机制回收用过的塑料做的饮料瓶，对民众从小进行垃圾分类的教育，实行生产者责任制等等。

　　稍有不同的是，德国垃圾收集系统（Wertstoff-Sammelsysteme）大致可以归为两类：路边收集系统（Holsystem）和垃圾收集点（Bringsystem）。路边收集系统收集的是更为常见的生活垃圾，包括废旧纸类，生物垃圾（厨余垃圾和枯草落叶），可回收的塑胶、金属和包装材料，剩余垃圾和大件垃圾等，一般会分别放入蓝色、绿色（很多地区是棕色）、黄色和黑色的垃圾桶中。垃圾收集点一般会回收一些稍微不那么常见和有害的垃圾，包括旧玻璃、纺织物和各类有害垃圾。其中，德国的旧玻璃又分为白色、绿色和棕色玻璃，需要在清洗后分别在白天放入对应的垃圾桶中。为什么是在白天呢？那是因为担心晚上扔玻璃可能会吵到附近的住户而出台的规定，不少地方的玻璃垃圾桶在晚上甚至会上锁！

　　此外，德国政府允许厂商和经销商把投入垃圾回收处理中的成本转嫁到消费者身上。举个简单的例子，一瓶水的定价可能本来是 1 元钱，但是为了满足政府对于包装回收处理的要求，厂商需要为这一瓶水再额外花费 0.2 元的包装回收处理费，那么此时厂商和经销商就可以把水的价格提升到 1.2 元进行销售。德国政府之所以允许厂商这样做，也是希望消费者在购买商品的时候要考虑到产品废弃后的环境影响。

　　德国的很多包装上都有个绿色的小圆点，圆点中间还有个箭头。这是德国特有的"绿点系统"。这是"德国双向回收体系"（Duales System Deutschland，DSD）协会推行的政策，目的是让包装材料的生产和经营者承担回收义务，也就是生产者责任制。为此，包装相关企业必须到 DSD 协会注册，缴纳"绿点"标志的使用费，

并在他们生产的产品上张贴或标明绿点标志。DSD 协会拿到包装企业交的钱后，用这些资金来收集包装垃圾，并对包装垃圾进行后续的清理、分拣和再利用的工作。因此，前面提到的黄色垃圾桶就是专门来收集有绿点标志的包装垃圾的桶，居民也不用为这些垃圾付费。

值的一提的是，德国是世界上最早为垃圾及垃圾相关产业立法的国家。德国从 20 世纪 70 年代就开始出台生活垃圾管理的相关法律。因此，德国对垃圾分类的相关惩罚也是十分严格的。比如，德国会对垃圾错分混投的现象采取"连坐式"的处罚措施，一旦某小区的垃圾被垃圾清运公司的工作人员发现经常没有按规定严格分类，该小区的物业公司和全体居民可能都会收到垃圾清运公司的警告信。如果垃圾错分混投的现象得不到改善，公司还有权提高这一区域的垃圾清运费。另外，大家可能也对德国人的严谨和高度自律有所耳闻。所以在收到警告信后，居民和物业会自发地走访排查，找寻是谁分错了垃圾，避免清运公司提高整个地区的清运费。

10. 瑞士的垃圾分类是如何推进的？

风景优美的瑞士被称为"花园之国"，但瑞士居然也曾是欧洲公认的垃圾大国。为了保持城市整洁和维护自然生态，瑞士从 20 世纪 80 年代实行垃圾分类，90 年代出台了有关垃圾处理的法规。目前，瑞士各个地区的垃圾分类措施也有些差异，但分类和处理思路大体相同。

在瑞士，生活垃圾基本分成厨余垃圾、可燃垃圾、纸类、玻璃制品、塑料瓶、金属垃圾、大件垃圾和有害垃圾几类。厨余垃圾和可燃垃圾需要放进政府指定生产售卖的垃圾袋内，封好口后再放入指定的垃圾桶中。可回收的垃圾要送去指定的地点回收，并且在回收前要完成一定的准备工作。比如，纸类垃圾在被送到回收点前，要保证被回收的纸张都是干净无污渍的，纸箱、纸盒要拆开并折成纸板，报纸杂志与纸板要分别捆成捆之后才可以被回收。在社区，基本都会有纸类垃圾的投放点。玻璃制品要先清洗干净才可以按颜色进行投放，扔到垃圾箱之前还要将瓶盖去除。社区和街边会有玻璃垃圾和金属垃圾的回收箱。塑料瓶投放点一般在超市、车站和其他一些人流密集的场所会设立，相关的垃圾必须送到这些地方才可以进行丢弃。废旧电池和灯泡也可以去超市的回收点进行丢弃，但其他的一些垃圾可能需要送去特殊垃圾回收中心进行丢弃，或者联系市政部门或专门的垃圾处理公司进行付费处理。

在细致的垃圾分拣措施的有效实施下，瑞士可以回收 70% 的废纸，95% 的废玻璃，71% 的塑料瓶，90% 的铝罐和 75% 的锡罐，整体上位于世界前列。为了保持垃圾分类取得的成果，瑞士在宣传教育上下了狠功夫。每个州的政府都会给居民免费发放垃圾分类处理手册，里面会详细写出本州的垃圾分类细则及何时何地投放何种垃圾等内容，甚至会教授居民正确系垃圾袋的方式。一些手册还会附赠本地区的垃圾回收年历，方便居民了解垃圾收集的时间。大家可能觉得，内容再丰富，也就是一个小册子吧，但苏黎世的垃圾分类手册详尽到"令人发指"，足足有一百多页！

生活在瑞士也需要为垃圾处理付费。前面提到的厨余垃圾和可燃垃圾需要购买政府定制的垃圾袋。这些垃圾袋可以很方便地在超市、杂货铺等地方买到，而且是统一售价，但是价格不菲。比如购买一卷 10 个容积为 35 升的垃圾袋（35 升大约是一个较大登山包的容量），价格在 20 瑞士法郎左右（约为 162 元人民币）[①]，实在是价格不菲。

为了少买垃圾袋，很多人绞尽脑汁地想办法少产生垃圾，但是也有一些人想通过耍小聪明来减少自己的垃圾费。为此，瑞士出台了十分严格的管理和惩罚措施。瑞士政府雇用了专门的环保警察（又称垃圾巡警），他们的职责就是寻找违规的丢弃垃圾的人。环保警察尽职尽责，他们会从蛛丝马迹中寻找嫌疑人。比如瑞士一位 82 岁的老人为了省下一笔垃圾费，把自己家的旧冰箱切成众多小块后放入袋中，驱车 40 千米将冰箱碎块"抛尸"深山老林中，

---

① 按 2024 年 12 月 30 日的汇率，1 瑞士法郎 ≈ 8.0955 元人民币。全书下同，不再一一标注。

但最终被警察发现，并受到了巨额罚款。在瑞士洛桑，如果没有完全按照规定丢弃垃圾，责任人可能会受到 200~400 瑞士法郎（约 1618~3235 元人民币）的罚款，并且还要额外支付 300 瑞士法郎（约为 2 426 元人民币）的行政处理费。如果是再犯或者累犯，仅罚金可能就会提高到 800 瑞士法郎（约为 6 470 元人民币）。

11. 日本的垃圾分类是如何推进的？

提到日本，想必大家都对日本严格的垃圾分类措施有所耳闻。日本政府出台了《废弃物处理及清扫相关法律》，但在具体执行中，日本并没有一个统一的标准，而是让各个县市制定自己的垃圾分类政策。因此，日本各个县市都有自己的垃圾分类标准和相应的垃圾分类指南，少则一两页，多则几十页！但不管指南有多少页，每个指南基本都会详细地说明有关垃圾分类的事项，一般包括垃圾的种类、需要如何进行回收和处理（如将纸类打包、牛奶盒进行清洗等）、哪天可以在哪里丢弃哪一类垃圾、需要为哪一类垃圾花多少钱等信息，一些县市还会为居民发放标有垃圾回收日的年历或月历。

一般而言，日本的家庭垃圾可以分为可燃垃圾、不可燃垃圾、大件垃圾、资源垃圾和有害垃圾等几大类，细分下去可能会分成十几类到几十类甚至上百类不等。比如，塑料做的饮料瓶的瓶盖、塑料纸和瓶身可能会被分为三个不同的种类。在日本的街道上，你几乎见不到公共垃圾桶，所以大多数情况下，垃圾要带回家进行分类处理。日本也有垃圾费的相关政策，一般来说，资源垃圾和有害垃圾的清运是免费的，但是可燃垃圾、不可燃垃圾和大件垃圾是要付费清运的。想要丢弃可燃垃圾和不可燃垃圾，市民需要购买特制的垃圾袋，这些垃圾袋一般都有编号并印有本地区的标识，所以每个地区只能用本地区的垃圾袋来装垃圾。不少地区甚至要求在袋子上记名，来提高民众垃圾分类的自觉性和准确度。同时，丢弃大件垃圾的时候需要市民联系本地的大型垃圾受理中心、家电再生利用受理中心或电脑 3R 推进协会进行回收，丢弃时还需要购买相应的票据。

日本关于垃圾乱扔的惩罚也十分严厉。比如《废弃物处理法》第 25 条第 14 款规定：胡乱丢弃废弃物的人将被处以 5 年以下有期徒刑，并处罚金 1 000 万日元（约合人民币 46 万元）；如胡乱丢弃废弃物者为企业或社团法人，将重罚 3 亿日元（约合人民币 1 387 万元）。相关的法律还鼓励公民举报胡乱丢弃废弃物的团体或个人。

日本对垃圾分类的教育也十分重视。日本从幼儿园就开始进行垃圾分类的相关教育。到了小学，日本孩子就会去参观了解社区的垃圾中转站和垃圾处理厂。等到中学时，日本学生已经可以自行对环保和垃圾相关问题开展研究了。对于成年人，从小学习的垃圾分类方法会相伴他们一生，但也会面临搬去其他城市、垃圾分类政策进行调整等一些居民需要重新学习适应新政的情况。对此，日本的一些城市还会召开有关垃圾分类的说明会，尤其是在对有关垃圾分拣政策进行调整的时候，政府会告知市民具体调整内容。说明会上，不仅有相关负责人对垃圾分拣和分类政策进行讲解，民众也可以询问有关垃圾分拣、收集、运输和处理等一系列问题。日本的教育不仅仅体现在对本国学生的教育上，还体现在对常住日本的外国人的教育上。外国人刚到日本居住时，需要到居所附近的政府进行登记，工作人员会给外国人发放当地的垃圾分类指南和相关宣传册，居所所在的社区一般也会给新入住的居民发放垃圾收集日的时间表和相关指南。在再大一点的县市，这些指南和宣传册常常都会有多语言版（如英语、汉语、韩语等），方便外国人尽快学习和适应当地的垃圾分类措施。

熊本

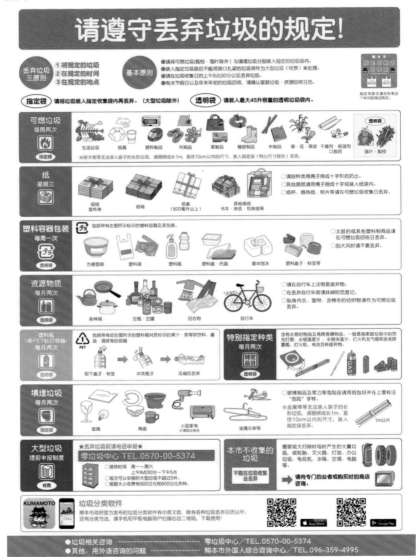

资料来源：日本熊本市政府网站，https://www.cityy.kumamoto.jp.c.fm.hp.transer.com/kankyo/hpklji/pub/List.aspx?c_id=5&class_set_id=20&class_id=2682。

神户

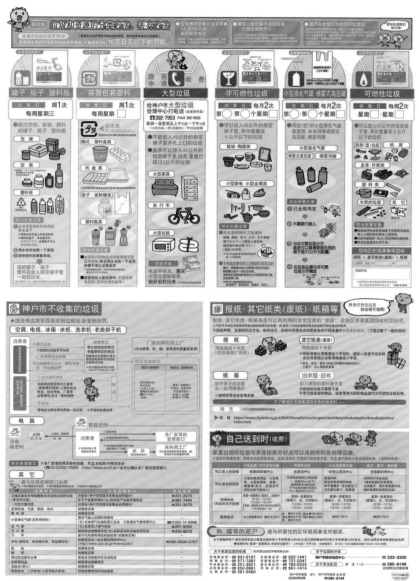

资料来源：日本神户市政府，https://www.city.kobe.lg.jp/a04164/kurashi/recycle/gomi/dashi kata/shigen/index.html。

名古屋

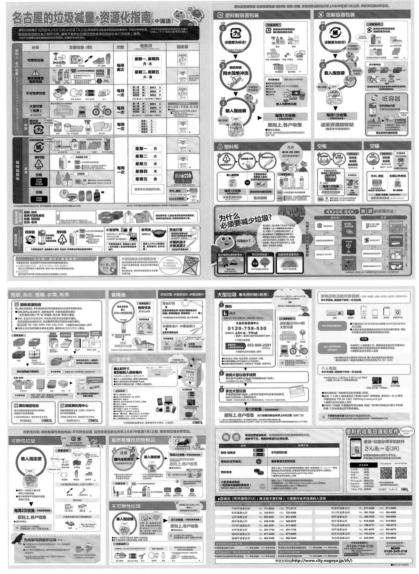

资料来源：日本名古屋市政府，https://www.city.nagoya.jp/kankyo/cmsfiles/contents/00000 66/66330/R1CHI.pdf。

第**3**章
生活垃圾处理方法的优先等级

　　生活垃圾在经过了分类、收集和运输以后，就要准备进行处理了。那么，生活垃圾有哪些处理方法呢？为什么我们要考虑垃圾管理的"优先等级"呢？国际上先进的垃圾管理系统又是如何给垃圾处理划定优先等级的呢？接下来的内容，一定能带给你答案。

1. 生活垃圾有哪些处理方法？

　　一般来说，生活垃圾的处理方式大致可以归为以下四大类：重复使用、材料回收、能量回收和卫生填埋。

　　通俗地说，重复使用就是将垃圾、废物或者一些准备淘汰物品进行重复使用，提高物品在报废前的利用率；材料回收指的是将垃圾中的有用材料进行回收利用，比如纸张、金属、玻璃等都是可以回收再利用的；能量回收是指将垃圾通过一些形式的处理后，从垃圾中获得能量，比如垃圾在垃圾焚烧厂烧掉后，就可以将焚烧产生的热量用于供暖、发电或者烧锅炉等工作，让垃圾发挥自己的"余热"；最原始的卫生填埋就是在选定的地区挖个大坑，将垃圾倒入坑中，并用土进行封盖，等待垃圾在漫长的岁月中自然降解。其实这些方法我们在前面均已提及，大家可以翻阅前面的内容复习。

　　可是，人们为什么要发展和推广这些不同的生活垃圾处理方法呢？

　　在人类的发展过程中，各国都会依据本地的特点和现状，不断地改进传统的垃圾处理方法，并且摸索和探寻适应时代特点的新方法。很多时候，垃圾处理手段是由当时当地的垃圾产量、环境污染

情况、经济状况和科技的发展水平决定的。因此，既然目前生活垃圾有好几大类不同的处理方法，这就说明了这些方法都有自己的独到之处——有些适用于处理不同种类的垃圾，有些是科技进步的成果，而有些方法则是为了顺应时代特点。否则，我们可能就不需要考虑这么多方法了，直接将所有垃圾都送去填埋或者焚烧似乎显得更省事一些。

另外，就像我们一直强调的那样，垃圾只是放错了地方的资源。为了我们人类的可持续发展，也为了利用好地球上的一切资源，我们十分需要不断地开发更多、更好的垃圾处理方法来实现"变废为宝"的目标，将垃圾资源化，让废物为我们所用。

2. 垃圾处理方法为什么要设置优先等级？

给垃圾处理方法进行排序是十分必要的。客观地说，没有一种垃圾处理方法能完美处理和解决一切垃圾，每种处理方法都有自己的优势，但也有自己的缺陷。就像我们在上一个问题中分析的那样，一方面，这些垃圾处理方法都是"对症下药"，某些方法对特定的垃圾有着很好的处理效果，十分有针对性，但是对其他的垃圾可能就不是最佳选择。比如玻璃瓶就可以回收处理，但是用过的餐巾纸就无法回收，只能当作其他垃圾处理。另一方面，我们还要考虑到某一类垃圾可以使用不同的垃圾处理方法进行处理，但是现代社会追求更清洁、更高效、更可持续的处理方式，所以人们就会更加倾向使用某种特定的方法来处理某种垃圾。比如纸箱可以焚烧也可以回收，但是我们现在更倾向于将纸箱回收处理。

考虑垃圾处理方法的优先等级，也是为了尽可能减少垃圾对环境和人类社会产生的影响，并且让垃圾成为一种可以利用的资源。在综合考虑环境、经济、科技和社会等各方面因素后，人类社会慢慢形成了垃圾处理的优先等级。相应地，优先等级也是随着时代而变化的。比如说，古代物资缺乏，很多物品都是一用再用，实在用不了时才会报废，金属器件、木块木桩等还会进行回收处置。就像我们中华民族传统美德所提倡"勤俭节约、物尽其用"一样，古代这种做法可以被看作一种垃圾处理方法优先等级的体现，即先重复利用，能进行材料回收的都先回收，最后进行报废处理。再举个体现时代特点的例子：在物品报废后，古人可能会将废物填埋，近代人喜欢上了焚烧这种"时髦"的处理方法，我们现代人则会更加倾向于优先进行材料回收和能源回收。

至于设立垃圾处理方法优先等级的必要性，让我们先从一个简单的实例谈起。古人广泛采用垃圾填埋，是因为地多、人少、垃圾成分简单。因为地广人稀，所以使用填埋作为主要处理手段不会担心占用太多的土地资源，且当时的垃圾基本也都能自然降解。但在人类社会的飞速发展下，相对一千年前甚至一百年前，现在的地球人多、地少、垃圾构成复杂，很多大城市都面临着"垃圾围城"的困境，城市周边有限的土地无法填埋海量的垃圾。同时，很多人造物品是不能或者很难被自然降解的，很多物品直接埋在土里的话还会带来环境污染的隐患。因此，我们需要考虑优先使用其他的方法处理垃圾，并将填埋作为最终手段，尽量不轻易使用。

同时，设定垃圾处理方法的优先等级还具有很多优点。首先，设定优先等级最突出、最重要的优点是有助于将垃圾从更大程度上实现资源化，也就是将更多的垃圾"变废为宝"，帮助构建我们人类可持续发展的格局。垃圾从某种程度上讲，是一种资源，只是我们尚且缺乏一些有效利用的手段。科技发展已经在帮助我们不断地摸索出垃圾资源化的新方法。循环利用资源，可以让人类社会的发展更持久。

其次，设定优先等级可以让物品和垃圾"物尽其用"，最大化地发挥其价值。比如纸箱直接送去焚烧而不是先被重复使用或者回收利用，那么纸箱的使用价值将大打折扣，而且直接烧掉纸箱，也让纸箱错失了充分发挥其作为一种资源的能力。

最后，设定优先等级还可以节约现有的资源。比如被送去填埋的垃圾越少，需要用作垃圾填埋场的土地就越少，也就意味着我们能保有更多的土地资源。这些资源被节约下来以后，可以用在别的领域或者有更多的用途。节约资源也可以让我们的子孙后代也有资源可用。

总之，设立垃圾处理的优先等级，既是必要的，也是有诸多好处的。相应地，优先等级的先后顺序和相关技术也是随着科技和社会的发展而不断变化和完善的。

3. 国际上是如何设立垃圾处理方法优先等级的？

国际上，北欧国家特别是瑞典的固体废弃物管理（简称"固废管理"）位于世界前列。瑞典的垃圾填埋率不到1%，是世界上垃圾填埋率最低的国家之一，瑞典也是世界上固体废物回收率最高的国家。瑞典的成功，离不开欧盟所推行的固体废物管理基本原则，也就是五阶梯原则。

五阶梯原则是欧盟废物管理提倡的一套方法学。"方法学"这个词听起来很深奥复杂，但五阶梯原则理解起来其实很简单。根据欧盟《废物框架指令》定义，五阶梯原则分别是：①避免产生；②重复使用；③材料回收；④能源回收；⑤填埋处置。五个阶梯从上到下依次分布，如下图所示：

避免产生
（减少消耗，倡导能源的可持续性使用）

重复使用
（二手产品翻新、修复——整体或零部件）

材料回收
（转换成新物品或产品）

能源回收
（转变成能源——电力、热力、沼气）

填埋处理
（填埋）

所谓"阶梯"，就是有先后顺序和上下优先级。五阶梯中越靠前、靠上的阶梯，就具有越高的优先级，相应地，越靠下的阶梯就具有较低的优先级。就像爬楼梯一样，我们希望更多的固体废弃物能向着更高一级的阶梯攀登，越高越好，但也更难以实现。

在五阶梯原则中，我们首先要最大限度地避免废物的产生，减少资源的消耗。在有些物品要被当作垃圾淘汰前，要考虑是否还具有使用价值。当然，虽然五阶梯原则十分便于理解，看起来也很简单，但作为一门方法学，它也涉及了多个学科的知识和理念。下面我们就对每个阶梯进行更为详细的讲解，希望可以帮助大家对五阶梯原则和垃圾处理方法的优先等级有更深的理解。

（1）第一阶梯——避免产生

作为五阶梯原则的第一阶梯，避免产生是固体废弃物管理的最佳实践，其定义为减少不必要的消费或消耗，可持续地使用资源。

道理很简单，如果没有垃圾的产生，就根本不用处理垃圾呀！因为不论垃圾处理技术多么先进，如果一个物品可以被人们轻易地变成垃圾，这不仅会造成资源的浪费，也可能带来不必要的污染，还会增加后续垃圾处理的负担。跟后续所有的垃圾处理方法相比，避免产生是从源头上解决问题，处在整个垃圾管理的第一优先级。

但是，避免产生又是不容易做到的，因为这需要全社会的配合和支持。将避免产生的原则和理念渗透到我们日常的生产生活之中，让人们逐渐改变自己的行为，是一种比较有效的推广"避免产生"理念的方法。不浪费、少报废，培养良好的消费习惯和环保的生活习惯，真正去践行"避免产生"的理念。

在我们的生活中，冲动消费可能是"避免产生"理念的最大敌人。希望大家在下单前好好想一想："我现在想买的东西，在买回来后我会不会用？我会用多久、又会用几次呢？买回来以后会不会把它扔在某个角落'吃灰'？我真的十分需要买它吗？我买这么多吃的喝的，在过期或腐坏之前真的吃得完吗？……"所以，如果我们合理消费，少买不需要的东西，就能减少废弃物的产生，就是在实现五阶梯原则的第一步——避免产生。

小E课堂

下面几个方面都可以做到避免产生垃圾：

• 日常生活：理性消费，避免购买不必要的物品或食物，减少购买和使用一次性产品。

• 工业生产：采用更科学的生产工艺，避免造成不必要的原材料浪费。

• 产品设计：设计更长的使用寿命，尽量避免产品被短期淘汰。

• 包装零售：避免过度包装，不提供或不免费提供购物袋。

• 医疗机构：尽量使用物理清洁方式取代化学清洁。

（2）第二阶梯——重复使用

作为五阶梯原则的第二阶梯，重复使用是指在某物品变成废物之前给予其第二次生命。比如，喝完水的矿泉水瓶在丢弃之前还可以：①清洁、晾干之后用来装五谷杂粮，这样可以让粮食密封保存、便于取用；②用来盛水、浇花种菜；③制作废弃艺术品。

• 废物利用：将用过的一次性塑料袋当成垃圾袋，精致的包装盒可以当作收纳盒，用了很久的洗脸毛巾可以用来当抹布，单面打印的 A4 纸可以用作草稿纸。

• 旧物改造：破了的衣服可以改成布包，装快递的纸箱子可以用来做手工，用过的饮料瓶可以戳几个洞用来洒水、浇花。

• 跳蚤市场：学校或社区定期组织跳蚤市场可以提高物品的利用率。

• 二手商店：很多发达国家都有二手物品交易商店，瑞典甚至还建立了世界上第一家"回收商场"——ReTuna，所有在此出售的商品都是通过回收、再利用而重获新生的旧物。

· 二手物品网上交易平台：中国实践较好的案例有闲鱼、转转、多抓鱼等平台。

· 慈善公益：不想要的书籍、衣物等物品可以捐给需要的人。

· 工业园区的产业共生：一个园区内某个工厂的废物很可能成为另一个工厂的原料。

· 废弃艺术品：将废弃物品改造成艺术品进行展览和售卖。

瑞典环境科学研究院的总部大楼在重新装修的时候，家具全部采用二手产品，装修建成的办公室既美观大方又环保。

在物质生活丰富、购物渠道多样化的今天，我们在家动动手指就能下单，在不经意间旧的物品就被我们冷落或是淘汰掉。下次再丢掉旧物之前，让我们稍等一下，仔细思考、发挥创意，看看旧物还有没有什么其他用处，争取让它们迎来"事业第二春"。

（3）第三阶梯——材料回收

作为五阶梯原则中的第三阶梯，材料回收是指利用废物生产新的物质或产品。不管我们多么尽力地避免垃圾的产生，多么努力地重复使用已有物品，任何物品都有使用年限或者使用寿命。为了保证我们的生命健康和生活质量，太破、太旧的物品终究有必须要被我们淘汰的一天。在已经做到重复使用、物尽其用的情况下，我们可以考虑：这些物品是否可以进入第三阶梯，即利用废物生产新的物质或产品。材料回收能够减少后续垃圾处理过程所需的能源消耗，也可以减少环境污染的问题。

当然，相对于前面两个阶梯，材料回收光凭我们个人的努力是比较难以实现的。要实现这一阶梯，需要全社会一起合作，既要有人负责把废品分好类、方便后续进行回收，也要有可以回收的渠道、有负责回收业务的机构、有处理回收物品的技术和工厂，从而实现资源最大化，创造出更高的环境效益和社会效益。

我们发现，在第三阶梯，垃圾分类起到了至关重要的作用。因为从这个阶梯开始，真正意义上的垃圾或废物就产生了。如果将不同类型的垃圾正确分类，垃圾中可用的一些材料就可以得到回收利用，这样可以避免后续垃圾焚烧浪费资源，也避免后续垃圾填埋造成土地和有用资源的浪费。如果不进行妥善的分类，这些废物或许就只能在垃圾焚烧厂或处理厂终结自己的生命了。

目前，中国的材料回收产业还在不断发展中。这是一个十分有前景的产业，也是能有效推动垃圾资源化的潜力股。相信在政策的进一步扶持和各地民众的努力配合下，中国能更快更好地达成第三阶梯——材料回收。

小E课堂

处于第三阶梯的材料回收例子

• 纸制品的回收：可以将部分纸制品重新打碎并制成纸浆，用来制造再生纸制品。

• 铝制易拉罐的回收：进行分类、清洗后，在高温下进行熔融变成铝液，冷却后制成铝锭，可以再次用于铝制品的制作。

• 玻璃制品的回收：在分类、清洗后，可以将玻璃破碎，而后可以用于铸造用熔剂、转型利用（做路面材料、建筑材料、艺术品等）、回炉熔融再造等。

• PET 塑料回收：PET 可以用醇和催化剂处理以形成对苯二甲酸二烷基酯，也可以将 PET 转换为用于服装的聚酯纤维。

• 电子垃圾（例如电脑、手机等）的回收：电子垃圾中的金属元素回收。

• 厨余垃圾、绿色垃圾（园艺垃圾）的回收：将有机废物堆肥后做成有机肥料。

（4）第四阶梯——能源回收

作为五阶梯原则中的第四阶梯，能源回收是指将废物变成某种形式的能源，比如电、热、气、油等。当某种废物处于无法避免产生、重复利用、材料回收的情况下，也就是这种废物无法进入前三个阶梯时，它或许还是具有一定的利用价值。

我们可以通过多种技术方法将垃圾转化成能源，为我们的城市供能，但垃圾分类是实现这一目标的必要手段。比如，北京、上海、广州等城市现在在进行垃圾分类时，都要把厨余垃圾单分出来，目的就是要利用这些垃圾生产沼气，进行能源回收。但是，如果厨余垃圾中有不可生物降解的物质（例如不可降解的塑料袋）或有毒有害物质，就会对整个"有机垃圾变沼气"的过程产生影响，所以垃圾分类在这一阶梯也尤为重要。

总之，为了保证能源回收的效率和产率，避免其他环境问题的

产生，我们要进行细致的垃圾分类，确保不同类别的垃圾被运送到正确的地方，让垃圾发挥最后的价值和余热，帮助我们有效地实现第四阶梯——能源回收。

小E课堂

某些废物进行能源回收的途径

• 垃圾焚烧发电：将垃圾在垃圾焚烧发电厂进行焚烧，产生的能源包括电力和热力。电力可以直接输入电网，热力可以供给区域供暖。在我国，目前垃圾焚烧发电居多、供热较少。而在瑞典，垃圾焚烧发电产生的热能全都用于居民的集中供热。

• 有机垃圾变沼气：有机垃圾（例如厨余垃圾、污水污泥等）经过厌氧发酵，可以制成沼气，沼气经过净化和提纯以后变成高热值的沼气，可以用在城市燃气管网，也可以用作汽车的燃料。在瑞典，城市公交车大部分使用的就是生物天然气燃料。

• 垃圾气化：部分垃圾通过热解气化可以产生可燃气体（如生物天然气），可以用作燃料。

（5）第五阶梯——填埋处理

作为五阶梯原则中的第五阶梯，填埋处理是指将废物埋到垃圾填埋场。填埋处理是最后一个阶梯，是在某些废物没有办法"爬上"前四个阶梯的情况下的"无奈之举"，也是我们垃圾处理的最终手段。虽然填埋处理的效率相对其他阶梯来说不算高，还会带来一些管理问题和环保隐患，但它依然是垃圾管理不可或缺的一部分。举个例子，对于一些没有任何利用价值的有毒有害垃圾，他们可能会对环境造成严重的污染，但是我们目前并没有合适的处理手段能将它们完全无害化。所以在迫不得已的情况下，这些垃圾可能就需要被送到特定的垃圾填埋场，经过特殊处理后对其进行科学地填埋。

另外，填埋作为人类最原始、最简单、最便宜的垃圾处理方法，对于一些发展水平还十分有限的国家和地区，也是必要的垃圾处理手段。将垃圾进行处理，哪怕是最简单的处理，也还是要强过直接将垃圾丢弃到环境中这种做法的。

但是，即便目前来说垃圾填埋对我们还是十分必要的，这个最终手段存在的诸多问题和隐患也是我们绝对不能忽视的。例如，如果垃圾填埋场建设不当或操作不当，可能会对周边地区的空气、水、土壤等造成环境污染。建设垃圾填埋场还会占用大量的土地资源，一方面，在垃圾被填埋的很长一段时间内，这里的土地可能无法再被利用；另一方面，如果不加以控制，地球上适合垃圾填埋的有限土地无法承载无限增长的垃圾。

因此，我们要尽可能地避免让物品"坐"上去往垃圾填埋场的直通车，尽量让物品多往前四个阶梯爬一爬。这个工作不仅要依靠政策扶持和技术发展，也依赖于我们个人和全社会的努力与支持。如果我们的垃圾分类做得越来越好，更多的废品就可以在前四个阶梯进行处理，那么最终被送去垃圾填埋场的垃圾自然也就少了。可以说，流向垃圾填埋场的垃圾越少，即出现在第五阶梯的垃圾越少，就说明我们的固废管理和垃圾处理工作越成功。

总之，五阶梯原则目前被欧洲各国广泛运用在固废管理的工作中。世界上其他较为发达的国家也多多少少在参考五阶梯原则，对本国的垃圾处理和固废管理工作进行调整。在越来越注重生态环境保护的今天，中国也在逐步系统性地提出和运用类似的固废管理方法。希望有一天，读到这里的你也能身体力行地参与到相关工作中来，不一定要承担什么重要的职责，从"购买之前想一想，需要不需要"这样的小事做起，就是你学会了五阶梯原则最好的体现，也是保护环境的最佳实践。

4. 目前世界主要国家的固体废弃物管理大多处在什么阶梯？

十几年前，中国垃圾处理的主要方式还是以卫生填埋为主。最近几年，中国开始大力发展的垃圾焚烧发电项目使得中国的固废管理快速从第五阶梯（填埋处理）迈向了第四阶梯（能源回收）。2019 年，中国开始大力提倡垃圾分类。可以说，这也是中国固废

管理从第四阶梯迈向第三阶梯（材料回收）的一个有利趋势。另外，这两年来，中国提出建设无废城市的种种政策也大大促进了中国固废管理的发展，加快了攀爬阶梯的速度。

但是，需要认识到中国的固废管理水平仍和发达国家有些差距。2008 年，欧盟《废物框架指令》首次提出了"废物处理阶梯"的概念，并逐渐发展为今天的五阶梯原则。依靠超前的理念、更加先进的技术以及更加完善的固废管理体系，包括瑞典在内的一些欧盟发达国家在经过了长期的实践后，现在的垃圾分类已经做得非常完善了。同时，像日本和新加坡这种资源极度有限的国家为了最大限度地利用好本国的资源，也很早就开始发展带有优先级的垃圾处理工作了，并在 21 世纪也取得了很好的效果。总的来说，21 世纪后，这些国家的固废管理措施让第三、第四阶梯占据了垃圾处理的主流，并且已经在第三阶梯取得了非常好的效果，只有极少的垃圾最终流向了第五阶梯。最近几年，以瑞典为代表的欧洲发达国家已经在向第一和第二阶梯迈进了，力争最大程度上做到避免产生和重复利用。

不过，在一些较为落后国家和地区，垃圾尚未得到合理的处置，很多垃圾甚至不会得到应有的处理。有些国家的固废管理措施连第五阶梯都没有爬上，甚至普遍存在垃圾不经处理地被大面积堆放或倾倒入江河湖海的情况。这样不仅给区域生态环境和公共卫生条件带来极大的威胁，也给全球的环境保护工作带来风险和隐患。

作为一个发展中国家，中国各个地区的经济和科技发展水平目前仍然是不均衡的。有一些地区发展十分充分，这些地区通常也是垃圾产量多、面临垃圾围城困境的地区，因此，这些地区近几年都十分积极地规划和建设更多的处于第三、第四阶梯的处理设施来取代垃圾填埋场，向着更高的阶梯在爬升。也有一些还在发展的地区已经开始了爬升阶梯的规划和建设，但受限于经济、科技等各方面因素，这些地区还需要适量的垃圾填埋场作为攀升阶梯的过渡阶段。当然，相对落后的地区，目前仍然需要以垃圾填埋作为处理垃圾的主要手段。相信在不久的将来，这些地区也会逐渐摆脱依赖填埋处理的困境，逐渐拥有更加科学和系统的垃圾管理体系，向着更高的阶梯攀登。

5. 实例分析1：点外卖实践中的五阶梯原则

这一部分，我们运用五阶梯原则来剖析点外卖这一具体的生活实例，探讨一下人们该如何通过五阶梯原则中的理念来降低点外卖对环境的影响。

（1）第一阶梯——避免产生

○ 消费者

作为消费者，在点外卖这件事上，我们有很多行为都能做到避免产生垃圾，比如：

◆ 在点外卖之前，我们要先考虑：是不是一定要点这份外卖？如果店离我们很近，我们能不能步行去店里吃？

堂食可以减少外卖包装和餐盒的消耗，避免产生一次性用品的废弃，也便于我们更好地控制点菜的分量，避免食物浪费。

◆ 在决定点外卖以后，我们要考虑：点多少菜合适？如果菜点多了，我们是留到下一顿再吃，还是不假思索地倒掉？

"光盘行动"是为了节约粮食、减少食物浪费。在点外卖时，要"量力而行"，不要点过多的菜品，避免剩饭剩菜的产生。如果是一家没有吃过的店，我们可以先看看评论或者咨询店主，估算一下自己的饭量和外卖餐食的分量后再下单。

◆ 在提交订单前，看看是否可以要求不需要一次性餐具？

如果外卖是送到家里，或者我们在学校、公司备有餐具，可以勾选不需要一次性餐具，这样可以避免产生一次性餐具的垃圾。

◆ 外卖到了以后，能不能尽量少剩菜？

在吃饱吃好的前提下能不浪费、不剩饭，就是最好的避免产生厨余垃圾的方式了。如果实在吃不完，可以将饭菜放到冰箱里，留到下一顿再吃，避免食物浪费。

○ 商家

作为商家，他们其实也有很多方法可以在外卖这个环节避免垃圾的产生，比如：

♦ 不免费提供打包盒、外卖袋，不进行过度包装；

♦ 不主动提供一次性餐具；

♦ 餐品样图尽量使用实物图，不夸大描述餐品的分量；

♦ 提供"半份菜""小份菜""半份米饭""一人食"等多样化的订餐选择；

♦ 选择材质较好、有机会重复利用或回收的餐盒和袋子；

♦ 打包的时候不要过度封口，以免出现需要撕开或剪开袋子才能拿到饭菜的情况，避免让袋子直接报废、变成垃圾。

（2）第二阶梯——重复利用

吃过饭后，先不要着急扔垃圾，跟着外卖一起来的东西有些是可以进行重复利用的，比如：

♦ 外卖塑料袋可以用来当垃圾袋。如果没有汤汁洒出的话，塑料袋也可以用来装东西。

♦ 一些商家可能会给餐品配有"豪华"纸袋、布袋或化学纤维的袋子，其中不乏质量上乘、做工精细、设计漂亮的袋子。这些袋子也可以用来装东西，当买菜兜子，甚至可以当通勤包使用。

♦ 外卖餐盒在用过之后可以短暂盛装垃圾，便于收集垃圾。

♦ 如果外卖的餐盒比较干净、较为结实、便于清洁，这些餐盒可以在清洁消毒后继续盛装饭菜，或是在清洗后当收纳盒使用。

♦ 一些商家提供的餐具并非一次性餐具，或是有些商家也会提供质量极好的一次性餐具。如果有清洗消毒的条件，这些餐具也可以在好好清洗过后留下，方便以后可以重复利用。

(3)第三阶梯——材料回收

在扔掉垃圾之前，我们要根据本地的垃圾分类要求，先将垃圾分好类，便于进行材料回收，比如：

◆ 吃剩下的饭菜、调料、葱姜、鸡骨头、菜叶、果皮等分成一类，撇去菜汤，准备投入厨余垃圾的垃圾桶内。

厨余垃圾最终可能会被送去堆肥，进行材料回收，变成有机肥料。

◆ 观察一下不能重复利用的饮料瓶子和餐盒是否有可回收标识，标有可回收标识的可以投入可回收垃圾桶中进行材料回收。

纸质杯子、可回收的塑料盒子、金属易拉罐、玻璃瓶等外卖中常见的容器很多时候都可以被回收，经过处理后再生为可用材料，制造新的物品。

◆ 一些外卖的袋子也会使用可回收的材质制作，比如一些快餐后常用纸袋打包餐品送外卖。如果这些袋子有破损或者不适合进行重复使用，它们也可以进行材料回收，放入可回收的垃圾桶内。

和纸盒相似，纸袋在经过处理后可以做再生纸。类似地，布袋也可以进行材料回收。

(4)第四阶梯——能源回收

将可回收垃圾分出来以后，我们还需要将剩下的外卖垃圾分成其他垃圾和有害垃圾。不过外卖中一般不会包含有害垃圾，所以剩下所有不能进行其他更高阶梯处理的垃圾，基本都是其他垃圾，比如食品的包装袋、大棒骨、用过的餐巾纸、污损的塑料袋、不可回收的餐盒等。其他垃圾可以被送去垃圾焚烧厂进行焚烧，充当燃料，通过发电、发热的方式进行能源回收。

另外，厨余垃圾除了可以通过堆肥进行材料回收，一些地区也会以厨余垃圾为原料进行能源回收。比如厨余垃圾可以通过微生物发酵生产沼气，沼气经过后续处理后可以作为能源使用。

（5）第五阶梯——填埋处理

当然，某些其他垃圾可能不适合焚烧处理，或是当地没有合适的垃圾焚烧厂，只能选择填埋作为垃圾处理方式。因此，在专业人员进行分拣和处理后，其他垃圾还可能被送到垃圾填埋场，准备进行卫生填埋处理，在土壤中进行自然降解。

至此，我们走完了点外卖产生垃圾和相关的垃圾处理方法的整个流程。从这个例子我们也可以看出，点外卖这件小事也是可以从垃圾处理的五阶梯原则来考虑的，我们可以优先选择能最大程度上保护环境的方式来处理垃圾。同样，生活中还有很多类似的事例可供我们参考。希望我们都能在下单前多考虑三秒钟，减少垃圾的产生，为环境保护尽一份力。

6. 实例分析2：收发快递实践中的五阶梯原则

与外卖类似，近几年网购的普及促使我们大量使用快递服务来获得我们订购的商品。数据显示，2020年中国快递业务量超过834亿件，比2019多近200亿件，而这个数据在2013年还不到100亿。然而，快递产生的废品可也不少，成为新的固体废弃物增长端。比如，快递包装材料主要由瓦楞纸箱、塑料袋、胶带、快递运单纸张、文件袋、纸筒、编织袋以及泡沫塑料填充物等组成。2018年，中国共消耗了940多万吨以上的这些快递包装材料，这些包装在废弃后给环卫行业带来极大的压力。因此，减少快递产生的垃圾对中国的固体废弃物管理和环境保护事业来说十分重要。接下来，我们用五阶梯原则来分析一下如何减少快递产生的垃圾。

（1）第一阶梯——避免产生

作为消费者，我们在购物前可以多问自己几个问题，就能避免从网购与快递中产生垃圾，比如：

◆ 网购之前，好好想一想，是不是一定要买这件商品？

网购虽然方便，但是不论是买家秀或是卖家秀都代替不了"眼见为实"。消费者在拿到网购的商品后，有时多多少少都会不满意。因为网购的商品很多价格相对较低，消费者即便不满意也懒得花功夫退货，而这些不满意的商品很快就成了废品。在被"冲动消费"和"消费陷阱"驱动前，我们一定要三思，即将下单结账的商品是不是真的实用？还是到家就会成为废品？不仅如此，这产生的快递包装垃圾又有多少？

◆ 如果有时间，我们可不可以去附近的实体店购买相同的商品？

很多品牌现在都有线上网店。但是，如果我们附近有实体店，是不是可以多走两步去实体店购买商品，这样不仅可以减少快递包装消耗，避免产生一次性用品的废弃，更便于我们现场判断商品的好坏，避免商品不合适时造成退换货或是废弃，以及随之带来的更多浪费。

◆ 在提交订单前，看看是否可以要求商家进行简易包装或是使用环保材料进行包装？

现在一些网店会使用相对环保的包装材料，或是采用相对简易的包装方式。因此我们在进行网购的时候也可以留意一下，相同的商品可能在不同的网店都有销售，是否我们可以选择那个使用环保或简易包装的网店进行购买。或者，我们也可以要求商家将快递包装从简，减少包装材料的浪费。当然，包装简易并不代表包裹一定"不结实"，只是现在很多包装都是大盒套中盒再套小盒，过度包装也是产生固体废弃物浪费的一大源头，很多包裹真的没有必要"五花大绑"，相对简单稳固的包装完全能达到相同的保护效果。

◆ 网购快递拿到的物品，我们能不能多用一用呢？

既然我们已经下单购买拿到快递拆完包裹了，我们能否充分发挥物品的使用价值，尽量延长物品的使用寿命呢？多次使用已经购买的物品，是减少购买同等功能物品、避免浪费产生的最好方法之一。

作为商家，他们有很多的举措可以在网购与快递这个环节避免垃圾的产生，比如：

♦ 不进行过度包装，包装时在保证稳固的前提下尽量减少包装材料的使用；

♦ 不包邮，让消费者承担一部分快递的费用可以让他们在下单前多犹豫一下，不仅让消费者承担了包装的成本，还可以打消一些人"冲动消费"的念头；

♦ 商品描述尽量使用实拍图，不过分美化商品，让消费者拿到商品的时候感受到"所见即所得"，减少商品成为废品的概率；

♦ 提供"简单包装""环保包装"等选择，可适度对这些选项进行一些优惠等措施，引导消费者进行选择；

♦ 提供免费退货的选项，采用更便利的退货政策，比起因为懒得退货而直接废弃网购的商品，让消费者更倾向于选择进行退换货。

当然，上述有关商家的一些建议对商家来说可能是"不利的"，比如"不包邮"的选项势必会影响消费者的购买意愿，"免费退换货"的措施势必会增加物流和人力成本，但是面对日益增长的快递量和由之产生的固体废弃物，我们应该鼓励更多的商家站出来，帮助减少网购垃圾和快递废品的产生。

(2)第二阶梯——重复利用

收了快递后，商品的一些外包装是重复利用的，比如：

♦ 很多快递现在都在最外层用瓦楞纸箱进行打包，质量较好、较为干净的纸箱可以用来收纳杂物；纸箱拆开后"回归"到纸板的状态便于存放，等寄快递的时候可以用来做外包装；或是可以利用瓦楞纸箱做手工等。

♦ 还有一些包裹是直接用较为结实的塑料袋做外包装的，这些塑料袋可以用作垃圾袋。

♦ 一些服装类的包裹会用有密封条或是塑封口的塑料袋，这些袋子可以留下来收纳衣物。

♦ 有些网店还会给商品配上"豪华"包装，比如随包裹附赠手拎纸袋、布袋或化学纤维的袋子，这些豪华包装袋也可以用来分装物品或当作礼品袋使用。

◆ 有些易碎的包裹中会填充泡沫塑料或者充气塑料袋当作缓冲，这些填充物可以暂存一下，等到需要寄出快递时重复使用，或是做成有尖角家具的缓冲物，避免磕碰。

◆ 冷链运输的生鲜包裹通常会附上冰袋，这些冰袋可以冻在冰箱里，一方面增加冰箱的保冷效果，另一方面在以后需要冰袋的时候可以及时取用。

◆ 个别商家还会随快递附赠用来拆开快递的小工具，可以留下重复使用。

◆ 网购的商品有时也会附赠一些辅助工具，比如网购需要拼装的家具可能会附赠改锥扳手工具组，买大闸蟹会提供拆蟹工具包，买衣服赠衣架等，这些赠品都是可以重复利用的。

另外，除了我们可以重复使用外在的包装，快递公司和网店也可对包装进行重复使用，避免不必要的材料浪费。同时，我们购买的商品也要尽可能地进行重复使用。

（3）第三阶梯——材料回收

包裹拆完了，有些不能利用的材料我们要分好类进行回收，比如：

◆ 不太结实或是不够干净的瓦楞纸板可以被回收。

◆ 无法重复利用的纸袋、可回收塑料盒、金属包装、布制包装等都可以被回收，经过处理后再生为可用材料，制造新的物品。

◆ 包裹的一些填充物可以被回收，比如聚苯乙烯泡沫塑料就可以回收。

◆ 快递的收寄单、包裹的发货单、商品明细清单等纸张也可回收，但要注意将个人信息涂抹后再进行回收。

近两年国家也出台了一些政策，鼓励对快递外包装加大回收力度，让可再生资源被利用起来，减少因生产快递包装而造成的原材料消耗和浪费。此外，我们在使用过网购的商品后，也要尽可能地从中分出可回收的材料后再丢弃，做到资源最大化利用。

（4）第四阶梯——能源回收

总的来说，快递包裹有很多可以回收的部分，但也仍有一些不能被回收的部分。其中最多也是最常见的就是用于瓦楞纸板封口的塑料胶带、用于防水密封的塑料薄膜和各类塑料外包装。这些塑料制品很多是不可回收塑料制成的，均属于其他垃圾，可以被送去垃圾焚烧厂进行焚烧，通过发电、供热的方式进行能源回收。

（5）第五阶梯——填埋处理

如果仍有些垃圾可能不适合焚烧处理，或是当地没有合适的垃圾焚烧厂，只能选择填埋作为垃圾处理方式。

以上就是我们用五阶梯原则考虑网购与快递的总体思路。和点外卖的思路类似，渗透到我们生活中必不可少的网购与快递这件事也是可以从垃圾处理的五阶梯原则来考虑的。在享受便捷生活的同时，我们也可以优先考虑能最大程度上保护环境的方式。希望我们在网购结算付款前三思而后行，非紧急必需的商品多让它们在购物车里躺几天再说，一方面为自己省钱，另一方面也减少了垃圾的产生。

小  提问

如何从五阶梯原则的角度考虑时下流行的"抽盲盒"风潮呢？

第4章
垃圾再回收与利用

在倡导极简主义、可持续生活的今天，我们每天的生产生活中仍然不可避免地会产生各种各样的废弃物。这些被我们丢弃的垃圾，被投入垃圾桶后，下一站又去到了哪里呢？这些曾经被我们"嫌弃"进而丢弃的废物，是否真的随着垃圾运输车的远去，就此完全消失在我们的生活中，让我们的环境重归整洁与宁静呢？

物质守恒定律告诉我们，物质不会凭空消失，只能由一种物质转化成另一种物质。对于垃圾产业链来说，物质守恒定律同样适用。由此可以推断，生产生活中产生的垃圾，来源于生活，最终又将以不同形式"回归"到我们的生活中，为人们所用。大家眼中遭人唾弃的垃圾堆，其实也是个"宝藏场"——可为我们的生活提供各种原材料。现代科技日新月异的今天，垃圾分类正确得当，配合先进的运输和管理流程，垃圾也能够实现循环再造，再次成为新产品回归到我们的生活中。

资源回收不仅能减少原材料的投入与消耗，节省经济成本，还可以减少垃圾的焚烧和填埋比例，从而减少能量消耗，以及对空气和水体的污染。资源回收可以说是实现经济、社会以及环境效益"三赢"的重要途径。在物资匮乏的年代，资源回收、变废为宝，曾是人类重要的生存之道；而在物质生活丰富的现代社会，资源回收，循环经济可以说是可持续发展道路上的必然选择。

接下来，我们将为大家介绍在循环经济背景下的垃圾循环再生的解决方案，讲述各类"宝藏"垃圾回收再生的故事，带领大家重新认识这些形形色色的可回收物。

1. 什么是循环经济？

　　"循环经济"作为提高资源效率和减少消费的环境足迹的战略，越来越常出现在媒体和政论中。循环经济的概念并不是什么新鲜事物，它的出现可以追溯到 20 世纪 60 年代，肯尼斯·博尔丁（Kenneth Boulding）的著作中提到的"即将到来的宇宙飞船的经济学"。这个概念最初是受自然界物质循环的启发，在这种循环中，不同物种之间以共生关系共存。此外，循环经济也受到工业生态学思想的启发，这是一个相对较新的科学分支，致力于理解与解释生物圈和人类圈之间的相互作用。

　　的确，从物质的角度来看，地球可以视为一个封闭的系统，因为一种生物产生的废弃物转化成另一种生物的粮食时，实际上就不存在废物和排放，这种关系存在于生态系统和食物链的多个循环中。例如，当一种植物或动物死亡时，它会成为其他生物的食物，如蠕虫和细菌，这些生物将物质分解成适合其他植物和动物的养料。

　　但是，当今社会采用了一种线性的"获取、制造、使用和处置"方法来与环境进行交互。时至今日，我们提取原材料，廉价地生产许多不同的产品，使用后再将其丢弃，即使它们仍具有许多可用性。许多废弃产品的寿命终于垃圾填埋场，在这里，它们失去了自己的全部价值，并最终对环境产生影响。

资料来源：https://sustainabilityguide.eu/sustainability/circular-economy/。

循环经济理念的目的是模仿自然过程并努力实现零废物经济，在这种经济模式中，一种经济活动产出的废物可以转而投入其他活动。因此，经济应成为一种循环利用自然资源的再生系统，以尽可能减少废弃物排放和能源泄漏。循环经济方法包括"放慢""缩小"和"关闭"物质与能源的循环。这意味着通过许多策略，比如合理的设计、保守的消费和智能的维护，以及重复使用，回收和再利用，可以延长产品的寿命。产品的设计应具有寿命长、易于使用和维护以及可升级性、易于拆卸和回收的特点。循环经济还意味着公司、组织和整个社会都应该采用具有经济意义的循环商业模式。

循环经济的概念分为技术循环和生物（或人为）循环。在生物循环中，食物和生物基材料（例如棉花、木材）可以通过堆肥和厌氧消化等过程重新投入使用。这些循环使得土壤等生命系统再生，从而为经济提供可再生资源。技术循环则通过诸如重复使用、维修、再制造和（在万不得已的情况下）回收等技术流程来回收产品、组件和材料。

2. 厨余垃圾里暗藏着什么循环经济学？

根据循环经济的理论，厨余和林业废弃物可以通过堆肥实现生物循环。生物循环作为最简单、最便捷的一种方式，离我们的生活并不遥远，我们甚至可以通过身体力行将厨余废弃物转化为肥料，实现"自给自足"。

我们常说"落叶归根"，飘落的树叶散落在树根旁边，落叶作为有机物料，通过分解成为腐殖质变成肥料回归土壤，给树木以滋养——这便是生物循环最基本的自然法则。除了树枝、落叶可以进行堆肥外，我们日常生活中产生的厨余垃圾，如果皮、菜叶、咖啡渣、茶叶渣、蛋壳等也是优质的堆肥原材料。

堆肥作为一种历史悠久的循环方式，多用于农业生产，且一直被延续至今。如今无论在校园、社区还是在农场，我们都可以通过堆肥的方式实现"肥料自由"，处理有机垃圾的同时，还能生产肥料，种种菜，养养花，何乐不为？

小 E 课程

制作堆肥的贴士

1. 收集堆肥材料

　　果皮、菜叶等生厨余垃圾以及树枝落叶。

　　（友情提示：含油盐的剩余饭菜，还有肉类不可以作为堆肥材料哦！）

2. 选择合适的堆肥地点，制作堆肥容器

　　堆肥地点可以选择在空旷的土壤上，同时要避免阳光直晒。堆肥容器的制作可以选用木板和铁丝网制成 1 立方米大小的立方体容器，同时准备盖子或者防水布避免雨水进入。

3. 堆肥过程

　　堆肥的过程遵循一层林业废弃物，一层厨余的原则。先应在堆肥箱的底层平铺一层树枝、树叶等林业废弃物，在其之上堆叠一层厨余垃圾，再将落叶覆盖在厨余垃圾之上。喷洒一些水，润湿堆肥的整个表面。依次重复堆叠，直至填满整个堆肥箱，且堆肥箱最上层由树叶或者土壤覆盖。

　　每隔一个月，对堆肥箱进行搅动加快发酵速度。大约一个月后，就能看到各类有机质开始变黑变软，逐渐破碎；大约六个月后，有机质就能被全部分解，变成肥料用于施肥了。

　　堆肥作为土壤改良剂，可以提高土壤有机质的含量和总体肥力，为植物提供腐殖质和营养物质，促进植物的蓬勃生长。制作好的堆肥，可以用来养花或者种植果蔬。植物汲取大地的营养，生根发芽破土而出，开花结果，瓜熟蒂落，落地生根，伴随着物质能量流动循环往复，周而复始，这便是大自然的奥秘。

3. 循环再生标志上的数字藏着什么秘密?

　　通过前文对垃圾分类的介绍，相信大家对可回收垃圾的类别有了比较清晰的认识。在国际社会，可回收物有着属于他们的专属标识——循环再生标志△。相信大家对这个由三个互相承接的箭头所组成的三角标志都不陌生，带有这个循环再生标志的物品，意味着它们具有循环再造的价值，在丢弃垃圾的时候需要特别注意，一定要将它们放入带有相同标识的垃圾桶。

　　除了循环再生三角标志，仔细观察我们会发现，通常这个循环再生标识内还有一个数字编码。为了使资源回收分类更加容易，国际通用资源回收编码通过编码数字表示物品的制造材料。生活中你常见的数字有哪些，你知道这些不同的数字编码代表了什么吗?

分类	编码	代表材料
塑胶类	#1PET 或 PETE	聚对苯二甲酸乙二脂
	#2PEHD 或 HDPE	高密度聚乙烯
	#3PVC 或 V	聚氯乙烯
	#4PELD 或 LDPE	低密度聚乙烯
	#5PP	聚丙烯
	#6PS	聚苯乙烯
	#7O 或 Other	所有其他塑胶

（续表）

分类	编码	代表材料
纸类	#20PAP 或 PCB	硬纸板
	#21PAP	其他纸类（杂志或信件）
	#22PAP	纸类
	#23PBD 或 PPB	板纸（贺卡、书的封面）
金属	#40FE	钢铁
	#41ALU	铝
玻璃	#70GLS	混合玻璃容器
	#71GLS	透明玻璃
	#72GLS	绿色玻璃

4. 塑料瓶也是一种资源？

塑料瓶，顾名思义，用塑料制成的瓶子。塑料瓶的诞生和出现，使其成为全世界最受欢迎且生产规模最大的容器之一，可用来存放水、饮料等液体，也可被用来存放药物等。塑料瓶由不同的材料制成，其中以 PET（聚对苯二甲酸乙二醇脂）制成的塑料瓶最为常见，主要用于矿泉水和饮料包装，且不耐热。

当前，全球每年的塑料消费量仍在持续上升。据统计，2016年销售的饮料瓶数量达到 4 800 亿个，而在 2004 年销售量为 3 000 亿个。全球范围内，每分钟就有 100 万个塑料瓶被售出。

塑料瓶的广泛使用，为我们的生活带来便利的同时，也带来了一系列的环境问题。据统计，全球 PET 瓶的回收利用率不到50%，一半以上的 PET 瓶被丢弃到环境中，或进入垃圾填埋场被填埋，或直接随着河流湖泊汇入海洋。每年大约有 800 万吨的塑料进入海洋系统，这些由于各种原因遗弃在环境系统中的塑料难以自然降解，威胁着海洋生物的生存，许多物种因此濒临灭绝。

> 为了解决塑料瓶回收难题，目前全球有超过 40 个国家通过实施押金制促进 PET 瓶的回收。押金制指的是消费者在购买任意瓶装饮品时，需要支付一定面额的押金，在喝完饮料后，可以通过自动回收机投入空瓶，并获得返还的押金。

PET 是最具回收价值的塑料类别之一，PET 回收再利用技术已经相当成熟。回收 PET 瓶不仅可以解决塑料难以降解的难题，缓解环境压力，还可以创造可观的经济价值。所收集到的批量 PET 瓶会被集中运输至循环中心，通过分选设备，分离出除 PET 瓶外的其他杂质，例如：金属和掺杂了其他类别塑料的塑料制品。分选过后的二手 PET 瓶将按照不同的颜色进行再分类，透明或不透明，蓝色或者绿色等，分类后的 PET 瓶将会被整齐地打包压缩，然后出售给回收公司。

回收公司将对这些按照颜色归类的塑料瓶进行破碎处理，饮料瓶大小的塑料通过破碎变为各色的塑料颗粒物。这些颗粒物由于混杂了塑料标签等杂质，还需要通过洗涤、分离、干燥的工艺，最终才能获得纯净的 PET 颗粒或薄片。这些 PET 薄片是聚酯产品的优质原料，可以用于衣物、纺织品的生产原材料，或者可以被重新加工制成新的 PET 瓶。

了解过 PET 塑料瓶的再生之旅，相信大家对塑料瓶回收的经济价值和环保意义有了更为深刻的认识。正确的塑料瓶投放是塑料瓶开启循环再生之旅的关键，我们的小小举动，关系着塑料瓶最终是走向"废物终结之旅"还是"宝藏再生之旅"。

5. 硬纸板该如何回收？

在我们的日常生活中，纸箱随处可见，无论是搬运、快递，或是存储，纸箱逐渐成了大家的生活必备品之一。近几年，随着网上购物及快递物流的爆发式增长，我们每天都能看到快递小哥推着快递纸箱在城市中穿梭的身影。每日收拆快递，不知不觉成为现代人日常生活中的一部分，甚至拆快递也被赋予了满满的仪式感，各类博主的开箱视频在各大视频平台随处可见。收到"漂洋过海"来到身边的包裹，取出自己精挑细选的商品之后，商品的"保护伞"——承运商品的纸箱是否被你"打入冷宫"，丢入垃圾桶了呢？

你是否还记得小时候爷爷奶奶悉心将大大小小的硬纸箱拆开压缩，打包成捆，然后卖给推着三轮车收废品的老爷爷，换钱给你买冰棍儿或其他零食吃的场景？

纸板，亦被称为瓦楞纸板，与PET瓶一样，也是一种可回收材料。纸板箱通常是由重型或厚纸片制作而成的，以其耐用性和高硬度而被人们广泛使用。纸箱包装盒、鸡蛋纸盒、鞋盒等都是由纸板做成的。纸板作为一种100%可回收的材料，原材料来源于森林木材，对纸板进行回收循环再造，可以有效减少森林资源的消耗，减少温室气体的排放。

纸板有多种方式可以被回收利用，最简单直接的方式之一就是重复利用。家里的空纸箱先别急着扔掉，想想下一次打包物品时是否还能重复使用，或者可以给纸箱做个简单的小装饰，作为收纳整理箱，也是一个不错的选择。除了收纳箱，纸板也可以做成有趣的手工艺术品。纸板往往是一种硬度适中、可塑性非常强的材料，这种优质的材料结合新奇的创意创作出的艺术品既有趣味，又新奇，同时兼具环保功能。

也曾有艺术家利用纸板材料制作出的森林景观，在荷兰CODA博物馆进行展览。孩子们可以在森林景观里进行穿梭游戏。艺术家们希望通过纸板森林作品，让"森林中看不见的木头"变得可视化，从而激发孩子们和纸板艺术家们利用纸板创造出城堡、森林等作品的兴趣。（参见 http://cardboarders.com/2012/cardboard-forests/#）

废旧纸板可以用来搭建模型或做玩具
资料来源：https://unsplash.com/.

即使是废弃的纸板，也可以通过回收的方式进行再生，减少森林资源的砍伐和消耗。与塑料瓶的回收原理相似，废旧纸板是通过"收集—分选—切碎和制浆—过滤—再生"这几个步骤实现循环再生的。

○ **收集**

收集是纸板循环再生的第一步。我们平时收发快递、存储物品所用到的纸箱，请记得和其他垃圾分开单独投放。将纸箱直接作为垃圾桶，用来盛放垃圾的行为是不值得提倡的，这样不仅会增加后续分选的难度，纸箱还会有被其他垃圾污染的风险。纸箱类废弃物请记得要单独收集并在指定投放点进行投放。

○ **分选**

分类收集后的纸箱会被运输到循环再生工厂进行分选，根据纸箱的材料按照不同等级进行分类。分类环节十分重要，因为造纸厂会根据所回收的材料生产不同等级的产品。一般来说，较薄的纸板箱会被用来制作成饮料包装或谷物食品包装；而厚度、硬度比较大的可以用来包装和运输货物。

○ **切碎和制浆**

分类环节完成后，大片的纸板会被切碎，然后进行制浆。切碎的目的是将硬纸板分解成小块，然后混合水和化学物质，将纸片分

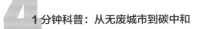

解为纸纤维。通过这一步骤，碎纸片就变身成为浆状物质，这一过程也被称为制浆过程。制作完成的纸浆通常将再次与来自木片的新纸浆进行混合，最终得到固化且硬度更高的材料。

○ **过滤**

上一步骤中所获得的纸浆，通过离心的过程分离混入纸浆的各类杂质，例如塑料、书钉等，再通过过滤将异物和杂质全面清除。纸箱上常常绘有各色的图案或文字，为了保证最终获得的纸浆清洁且无染料，去除异物和杂质的纸浆还将进行脱墨处理——去除任何形式的染料或者墨水残留。

○ **再生**

纸板经过了分选、切碎、制浆和过滤过程，终于可以进行循环再生了。混合了新的生产材料的清洁纸浆，被放在平坦的传送带和加热的圆柱形表面上干燥。同时将多余的水分压出，制成一层层固体纸片。多层固体纸片经过粘合，一张新的纸板就这样诞生了。这样的新纸板，通过机械设备沿着折痕进行折叠，用于包装或者运输产品的纸箱就可以重新供大家使用了。

纸板材料作为100%可回收并且可以生物降解的材料，也是"绿色"包装的解决方案之一。纸板作为"绿色"环保材料，纸板原材料的背后其实是地球上广袤的森林资源。尽管纸板的循环再生技术已经十分成熟，我们不难发现纸板的再生过程中仍然需要添加新的木材原料，同时需要消耗能源。因此，我们在日常使用过程中，仍然需要小心谨慎，切忌肆意挥霍。我们前面介绍了垃圾处理的优先等级，对于纸板材料同样适用。我们先要尽可能地物尽其用，增加每一个纸箱的使用寿命和频率，减少新纸箱的使用。对于废弃的旧纸箱，要将这些纸箱单独回收处置，经过循环再生的废旧纸箱又可以焕然一新地进入我们的生活中。曾经被你丢弃的纸箱，重新回到你的身边，你还能认出它吗？

6. 玻璃、金属和织物如何回收再生？

　　了解了 PET 瓶和纸板的回收再生过程，你发现废物回收再生的奥秘了吗？总结一下，可回收物都是可以通过回收、分选，将可回收物碎成原材料，重新制作成新的产品回用到我们生活中。回收—分选—破碎—再生，这就是可回收物循环再生的基本法则。

　　了解了废物回收的秘密，你能猜想出生活中其他的可回收物是如何进行循环再生的吗？

　　玻璃制品作为 100% 的可回收物，可以在不影响纯度和质量的情况下，被无限循环利用。再生玻璃可以使用高达 95% 的再生原材料，这不仅大大减少了原材料的消耗和污染排放，还能延长熔炉等工业设备的使用寿命，同时节省能源的消耗。与其他可回收物不同的是，在分选过程中，玻璃制品需要根据颜色的不同进行分类，不同颜色的玻璃最终可以制作出不同种类的产品。下图展示即为玻璃制品的回收再生过程。

1. 可回收物应被投放在路边的回收箱、商业回收设施和/或带到当地的回收站

2. 可回收物被清运收集

3. 可回收物被运到材料回收设施中（MRF）

4. 可回收物根据材料种类被分类

5. 从MRF设施及专门的玻璃回收点/玻璃回收垃圾桶收集上来的玻璃制品被送到玻璃制造公司

6. 玻璃制品从垃圾及其他污染物中被分离出来，之后根据颜色进行分类并进行清洗

7. 回收上来的玻璃被送到玻璃容器制造厂，被粉碎、熔化、再次塑造，最后被做成新的玻璃瓶和玻璃罐子

8. 消费者买到玻璃包装的食品和饮料

可回收物中的"钢铁侠"——金属，是最具有价值的可回收物之一，可以一次又一次地循环使用而不降低性能。当前，铝罐是全球回收率最高的容器，回收一个铝罐所节约的能量，大约可供100瓦的灯泡使用4个小时。那么这些可回收物中的"钢铁侠"是如何进行循环再生的呢？下图很好地展示了废弃铁制品的回收再利用过程。

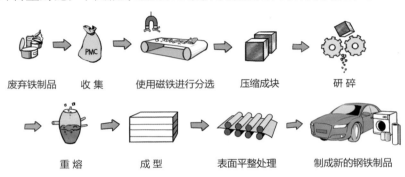

| 废弃铁制品 | 收集 | 使用磁铁进行分选 | 压缩成块 | 研碎 |

| 重熔 | 成型 | 表面平整处理 | 制成新的钢铁制品 |

> 钢铁是世界上被回收利用最多的材料，这是因为"钢铁侠"们具有非常高的可塑性，并且在分选过程中，可以通过磁铁轻松地将它们识别且与其他混合废物分离出来。分选出的金属将进行去打重塑，然后进一步切块、破碎。更小体积的金属具有更大的表面积，从而有利于金属的熔化。熔化后的金属经过重塑，可以用于各种金属产品的生产，变成最终的金属制品服务于我们的生活。

我们每天的衣食住行都伴随着资源的投入与消耗。"衣"排在首位，也是生活的重要保障，现代社会我们在衣物和纺织品上投入了大量资源。时尚的弄潮儿们每个季度甚至每个月都要为自己添上几件新衣。只对"新衣"笑，未闻"旧裳"哭。被淘汰下来的纺织品是压在箱底的角落，还是被无情地丢入了垃圾桶？此外，在纺织品的生产和制衣的过程中，也会产生边角废料。

在欧盟，每年约有430万吨的纺织废物被作为垃圾填埋或焚烧。每年瑞典市场需要投入12万吨全新的纺织品，但仅有5%的纺织品被回收利用。据统计，被丢弃的纺织品中有80%可以被回收利用。无论是被扔掉的衣物还是纺织品边角料，都有巨大的回收潜力。

当前织物的分选主要是依靠人工分选进行，这也限制了纺织品的回收效率，增加了纺织品的回收难度。2020 年瑞典环境科学研究院领导的研究团队在瑞典马尔默建造了全球首座织物自动分选工厂，并正式投入运营。通过近红外光学分选，该分选工厂可以对织物的材质和颜色进行分选，每小时可处理 4.5 吨的织物，大大提升了纺织品的分选效率。该工厂分选的纤维包括棉、羊毛、涤纶、亚克力、聚酰胺、粘胶纤维，处理能力可以达到每年 24 000 吨。

对于只是因为"过时"而被淘汰的衣物，我们可以通过捐赠渠道送至正规的处理机构，经过消毒等处理的衣物可以进入二手市场进行再次售卖。对于破损的衣物，可以通过投入衣物回收箱，进行回收。衣物根据不同材质经过分选，可将衣物中的纤维进行回收，制成纤维原料，重新用于衣物的生产，从而大大节约能耗和资源的投入。

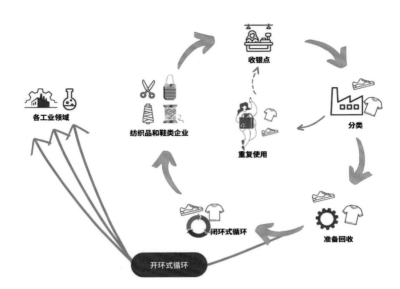

在一波波时尚浪潮席卷全球的今天，我们在争做时尚达人的同时，也要将环保铭记于心！青山绿水，美丽风光，更能彰显我们的幸福生活与时尚风貌。

7. 电子垃圾是如何分类的?

电子垃圾通常指的是电子废弃物或电子废料。电子垃圾的典型例子就是废弃的计算机、电视机、家用电动工具、白色家电或手机。欧盟《电器与电子废弃物指令》（WEEE Directive）将电子垃圾分为以下几类：

电子垃圾类别	示例
温度交换设备	冰箱、冰柜、空调设备、除湿设备等
屏幕、监视器和包含屏幕的设备	屏幕、电视、LCD 相框、显示器、笔记本电脑、平板电脑、电子书/电子阅读器
灯	直管荧光灯、荧光灯、LED 灯等

电子垃圾类别	示例
大型设备	洗衣机、干衣机、洗碗机、电炉、大型医疗设备、休闲和运动器材、监控仪器等
小型设备	真空吸尘器、地毯清扫机、微波炉、通风设备、熨斗、烤面包机、电刀、电热水壶、电动剃须刀、体重秤、收音机、数码相机、视频照相机、录像机、烟雾探测器，小型医疗设备等
小型 IT 和电信设备	手机（智能手机、平板手机等）、GPS 和导航设备、袖珍计算器、路由器、个人计算机、打印机、电话

电子产品包含许多电子组件，这些电子组件又由多种原材料制成，这些原材料具备高度多样化和特定的电物理特性——从绝缘到导电性。元素周期表中的 60 多种元素可以在电子产品的材料和组件中找到。尽管从重量来看，电子产品的最大组成部分是金属和塑料，但用于电子产品的材料可分为四个主要类别：①金属；②稀土元素；③塑料；④矿物和其他非金属材料。

小 E 课堂

一部手机包含 50 多种不同类型的金属

移动电话最多可以包含 50 种不同类型的金属，其中许多是贵金属和稀土金属，例如镓、铟、铌、钽、钨、铂族金属。所有这些金属都可以实现半导体的小型化、轻量化和许多"智能"功能。需要铟才能启用触摸屏功能；稀土元素（如钇，铽、铕）对于屏幕产生不同颜色必不可少；锂和钴用于电池中以延长其容量和使用寿命；超纯金、银和铂在微芯片中用作电路中的互连点，而不同的稀土金属可增强不同的半导体性能。

　　许多电子产品包含有害物质，例如重金属（如汞、铅、镉、铬等）。这些物质通过进入人类食物链和生态系统并在生物组织中进行累积，从而对人类健康和环境造成风险。其他有害物质还包括塑料中使用的溴化阻燃剂。电子垃圾的回收和管理不当会增加对健康与环境的危害风险。电子垃圾泄露可能直接对废物管理场地的工人健康造成威胁，电子垃圾还可能渗入土壤和水中，通过复杂的生物累积机制危害微生物、破坏生态系统并进入食物链，从而间接影响整个社会。下表中列举了电子垃圾中的有害物质以及其潜在危害。

危害元素	应用	影响
铅	用于 CRT 显示器（电视和计算机）的玻璃、电路、印刷电路板中的焊料、铅酸电池	致癌（可致癌）、神经毒性（可对神经系统造成危害）、生殖毒性（对生殖过程的毒性作用）、内分泌干扰物、持久性、生物累积性（倾向于在生物体内累积）和毒性。对胚胎期和孩子的影响最大
汞	用于荧光灯管、平面显示器、倾斜开关、手机等。根据一些研究，每个电子设备都含有少量的汞	致癌性、神经毒性、生殖毒性、持久性毒素、内分泌干扰物、生物累积特性。汞尤其对婴儿和儿童有剧烈的负面影响
镉	通常用于海洋和航空环境的镍镉电池、光敏电阻和耐腐蚀合金中。欧盟已禁止销售镍镉电池（医用电池除外）	致癌性、对生殖和神经的毒害性、致突变性、内分泌干扰物

（续表）

危害元素	应用	影响
溴化火焰阻燃剂	用于减少大多数电子产品中塑料的可燃性。包括多溴联苯（PBB）、多溴二苯醚（PBDEs）、十溴二苯（DecaBDE）和八溴二苯（OctaBDE）醚等	内分泌干扰物、持久性毒素、生物累积性和毒性。影响包括神经系统发育受损、甲状腺疾病和肝脏疾病

8. 电子垃圾该怎样回收处理呢？

与塑料和纸板的回收不同的是，由于电子垃圾的特殊性和危害性，电子垃圾的回收门槛相对较高，流程也相对复杂。电子垃圾回收的正规流程通常包含三个阶段：收集、预处理和最终处理。其中每个阶段都有相关的专业公司负责执行。

（1）收集

收集对于确保回收的成本效益非常重要。收集的电子垃圾应不含其他物质，最好是同一类型的电子垃圾。该阶段较少依赖技术解决方案和基础设施，但受社会经济因素的影响很大，例如家庭的环保意识、垃圾管理知识以及在垃圾分类中的参与度。电子垃圾产生者的高度参与对确保高回收率也非常重要。收集效率是电子垃圾回收中最薄弱的环节。

（2）预处理

准备回收或预处理阶段，通常包括三个步骤：①除污；②机械处理；③分类。

在欧洲，有手动拆卸和机械拆卸两种主要除污技术。预处理时，以相当高的速度手动分拣出有价值和有害的组件（例如电池），通过破碎和切碎机械拆卸方式，然后手动在传送带上分选有害和有价值的材料。消除污染的过程包括一到多个粉碎过程，旨在减小设备的尺寸并去除有潜在危险的组件。减小尺寸后，电子垃圾中被切碎的组件将采取不同的分选方式进行机械分选。

回收商通常对诸如铁和铜的大块金属感兴趣。黑色金属可以使用磁铁进行分类。有色金属（例如铝或铜）可以通过施加电磁场进行分选，即所谓的涡流技术。塑料通过人工分选或使用机械分选技术（例如光谱和浮动技术）进行分选。

无论采用哪种方法，选择何种技术，在预处理阶段有四类材料被重点提取和关注：①有害材料（例如电池）；②有价值的组件，可以在拆除后在市场上重复使用／重新出售；③将要被出售以进一步回收材料的有价值的可回收材料（铜、铝、塑料）；④残渣—不适合回收的非有害物质（陶瓷、某些塑料等），该部分很可能被丢弃在垃圾填埋场或被焚烧。

（3）最终处理

最终处理阶段对于技术的需求投入较大，主要目的是对金属和塑料进行回收。如今，金属回收通常通过火法冶金工艺和湿法冶金工艺进行（程度较低）。使用磁铁分类的黑色金属被送至炼钢厂以回收铁。经过涡流分选的有色金属被送到铝冶炼厂。富含铜材料的组件（例如电线）和危险组件（例如电容器、PCB、开关）被送到集成冶炼厂，该冶炼厂可以回收多达30种不同的金属碎片。同时，有害物质的排放受到先进过滤系统的控制。

然而，火法冶金加工是高度资本密集型的，而湿法冶金加工使用强酸，会对环境产生重大影响。其他新兴技术，例如生物冶金和电冶金可以解决其中一些问题，但是目前它们仍然缺乏成本效益和足够的处理能力。

从电子垃圾（尤其是稀有金属）中回收材料的经济可行性通常取决于技术水平，以及垃圾回收和物流成本。电子垃圾中通常会大量存在许多贵金属，例如金和铂，这使其回收利用在经济上是可行的。金属尤其是稀有元素的回收更加复杂。在欧洲，最大的稀有金属回收商是位于比利时霍博肯的 Umicore 有限公司。该公司能够从包括电子垃圾在内的各种垃圾中回收许多珍贵的稀有金属。据估计，其每年可回收 70 000 吨金属，相当于避免了 100 万吨从一手来源生产金属中排放的二氧化碳。

电子垃圾回收的商业优势在于，珍贵材料的含量比矿物和天然矿石高出 50 倍。例如，大约 1 吨智能手机可产生约 300 克黄金。从自然资源中提取同等重量的黄金可能需要开采和加工 300~1 500 吨富含金的原矿。

小E课堂

电子废弃物回收的最大挑战之一是非法回收。电子产品与其他产品相比，对环境产生更大的影响。消费者的购买力是电子产品生产者的主要驱动力。

在此，给大家提出几点电子产品的购买建议：首先，仔细考虑购买新的电子产品的需求和目的，是否有其他方式可以满足当下需求，从而避免购买新的产品；其次，如果决定购买新的电子产品，请挑选具有较长使用寿命的电子产品，以便减少更换的频率；最后，如果购买的电子产品出现故障，请及时联系销售方，排除故障，更换零部件或是新设备。

随着电子产品的推陈出新，很多人家中或多或少会出现一些不再使用的闲置设备。对于闲置的设备，请及时送至有收购资质的公司进行回收。有很多电子产品的材料可能会被再次使用，从而减少原材料的投入。目前，很多电子设备制造商已经意识到电子垃圾的不合理处置所造成的环境危害，并推出了收购或者以旧换新服务。消费者可以将旧的电子产品折价返还给电子设备制造商，电子设备制造商通过拆解将有价值的零件进行回收。这不仅减少了电子废弃物的安全隐患以及环境污染风险，消费者也能得到相应的经济回报。

苹果公司推出的拆解机器人"黛西"，能以每小时200部的速度对15种不同型号的手机进行拆解，拆解后的材料被分类回收，重新加工后用于新设备。

9.废弃物如何具有艺术范儿？

（1）垃圾也时尚？

垃圾与艺术品，相差甚远的两个词组合在一起会碰撞出怎样的火花？随着全球对环境问题的持续关注，各行各业也纷纷行动起来，为星球环境贡献自己的力量。一批具有环保情怀的艺术家利用他们的创造力与智慧重新赋予垃圾以美好，通过艺术使垃圾获得重生，于是就有了"Trashion"一词——垃圾时尚。

玛丽娜·德布里斯（Marina DeBris）是一位来自澳大利亚的"垃圾时尚"艺术家。她通过从海滩捡拾各类垃圾并将它们制成艺术作品，提供了一个全新的从太空看地球的视角，让观众在欣赏艺术与美的同时，不禁思考人类活动对海洋的污染。

玛丽娜·德布里斯利用海滩垃圾制作的三维艺术作品：
《寻找与毁灭》（左）《聚酯》（右）
（http://www.washedup.us/gallery.html，图片版权通过艺术家本人授权。）

玛丽娜·德布里斯利用海滩垃圾制作的三维艺术作品：
《臭氧奖》（左）　《塑料烟雾》（右）
（http://www.washedup.us/gallery.html，图片版权通过艺术家
本人授权。）

　　加拿大艺术家冯王（Von Wong）在 2019 年用回收而来的
168 037 根塑料吸管制作了一个巨大的塑料雕塑。该雕塑获得了
吉尼斯世界纪录的认证。完成后的雕塑高 3.3 米、长 8 米、宽 4.5
米，它塑造了一个人们可以从中穿过的塑料之海。制作这座雕塑
的目的是用来提高人们对一次性塑料污染及其对世界海洋影响的
认识，因为根据科学家的预测，到 2050 年，海里的塑料将比鱼
还多。

　　"这个装置是为了描绘塑料垃圾之多可以汇聚成海洋，目的是
鼓励减少对一次性塑料特别是对一次性吸管的使用，"艺术家冯王解
释说，"这些吸管的使用时间只有几分钟，但需要几个世纪才能消
失。全世界每天有数以亿计的吸管被使用。我们想截取其中的一小
部分，来展示这些微小的东西是如何累积成一个非常大的问题的。"

　　来自法国的艺术家吉勒斯·塞纳赞多蒂（Gilles Cenazandotti）
利用在地中海海岸捡拾收集的塑料废弃物，制作成濒危动物的模样，
以表现人类活动产生的废弃物给自然和海洋带来的负担。2020 年 6
月 8 日，在第 12 个联合国"世界海洋日"之际，吉勒斯在中国上
海举办了《重获新生》的艺术展，以唤起生活在都市中的人们对环

（https://unforgettablelabs.com/，版权通过艺术家的经纪人授权）

境问题的认识与思考。当城市中的塑料废弃物，化身为一个个碎片展现在熊猫、猎豹、海龟造型上，栩栩如生地呈现在观众的眼前，人们在惊叹于设计师创意的同时，不禁陷入关于未来的沉思。

垃圾也时尚，当垃圾加入创意元素，被多元化利用成为时尚展品，你还能认出它原本的模样吗？你还会对垃圾产生嫌弃之情吗？垃圾时尚，不仅仅是艺术家创意和智慧的体现，其背后也蕴含着人类与自然关系的思考。垃圾在成为垃圾之前，一定也曾被我们视若珍宝，这些珍宝如果使用管理得当，可以为我们源源不断地创造价值。然而，当珍宝一旦成为垃圾，被随意丢弃，它将对人类环境造成毁灭性的危害。

（2）游逛二手市场的乐趣

提到二手物品，你会想到什么？是老古董，优惠的价格，还是杂乱破旧的环境？生活中你是否有游逛二手市场买卖物品的习惯？

在欧洲许多国家，二手商店随处可见。它们可能坐落于城市中心的大街小巷，也可能坐落于繁华的商业中心，也许在不引人注意的街头巷尾，或者在某个公园里。

在距离瑞典首都约 100 千米的埃斯基尔斯蒂纳市就有这样一个二手商场——ReTuna，也是世界上第一家"回收商场"。这个商场所出售的商品都是通过回收再生的旧物。ReTuna 商场共有两层，14 个店铺，并配有咖啡厅和有机餐厅。

城市居民将废旧物品捐赠给商场，由工作人员悉心挑选后，按照物品的品质和用途进行分类，或者是将旧物进行改造和维修。一件件旧物经过"手艺人"的巧手，焕然一新，并通过精心地摆放，使得游逛二手市场变成了美学享受。这里的二手物品应有尽有，小到家装饰品、图书、摆件，大到家具建材、园艺用品，顾客不仅可以选购自己喜爱的商品，还可以在 DIY 工作坊学习维修和旧物改造技能。逛累了，还可以在咖啡厅和有机餐厅歇歇脚，享受一顿健康美味大餐。

二手商场作为一个购物场所，其实更像是一座小型的生活历史博物馆。各类旧物汇聚在一起，就好像是当地居民的生活缩影。在这里，人们在购物的同时可以看到曾经的生活历史、美学历史，更能透过旧物将传统加以延续与传承，通向可持续发展的未来。（可参见网址：https://www.retuna.se/hem/。）

二手商场已经成为瑞典人可持续生活的一部分，ReTuna 也成了附近居民每月必去的购物商场。ReTuna 商场在 2017 年的日均客流量达到 700 人，2018 年的销售额达到 1 170 万瑞典克朗（约为776 万元人民币）。同时二手商场的运营，还为当地增加了 50 余个就业岗位。

（3）你想象过二手物品游乐园的样子吗？

在瑞典哥德堡就有这样一个由回收中心改造成的游乐园——阿利坎回收公园（Alelyckan Reuse Park）。这个回收公园位于瑞典哥德堡市北部，占地 3 万平方米，于 2007 年正式营业。与瑞典传统的回收中心不同的是，设计者为了让"回收废旧物品"这个过程变得更加有趣，将阿利坎回收中心设计成了带有二手商店的公园，希望将居民投放可回收垃圾的过程变成一种新型娱乐方式。

　　阿利坎回收公园设立了六个区域：普通的回收中心、纸类和包装废物回收区、分拣站、二手建筑材料售卖区、其他二手商品售卖区、工作坊及餐厅。居民进入阿利坎回收公园后要先经过二手商品店，然后才可以进入分拣站。在这里，工作人员会指导居民对带来的垃圾进行分类，一些较为完好的旧物和仅需要进行轻度修理的物品会被留下归类，等待二手商店的创业者对它们简单处理后，放入公园内的二手商店售卖；其余较难被再利用的物品，才会被居民送至紧邻分拣站的普通回收中心或纸类回收区。在这样的创新模式下，有效提高了废旧物品的利用率。在阿利坎回收公园，垃圾的回收率可以达到 72%。

　　阿利坎回收公园内二手商店的经营状况也非常可观。2013 年，阿利坎回收公园回收产品销售额为 120 万欧元（约为 905 万元人民币）[①]。这里售卖建材、家具、体育用品、图书、厨具、大小电子产品及配件、服饰、艺术品等各类二手物品也能满足大众的日常需求。

　　阿利坎回收公园的绿色经济模式不仅大大提高了废旧物品的再利用率，又通过专业的分类指导让居民意识到很多废旧物品可以被再利用，改变人们的行为习惯；还为二手商品创业者提供了就业岗位，可谓是一举多得。这样的二手物品游乐园，你想来体验一番吗？

10. 如何推动循环经济的实现？

　　从摇篮到坟墓，在整个产品的生命周期中都会对环境造成影响，从原材料的购买到产品生产，再到消耗，直至末端处理，在产品的整个链条各方的参与对减轻环境影响的负担都至关重要。在循环经济的道路上，无论你是消费者、生产者、城市管理者，还是废物管理从业者，都可以通过自身行动共同推动循环经济的车轮向前转动。

[①]　依据 2024 年 12 月 30 日汇率，1 欧元 ≈ 7.5407 元人民币。全书均以此为统一折算方式，下文不再一一标注。

（1）如何做一名合格的消费者？

所有的生产和制造都是以消费者的需求作为导向，因此消费者的购买决策对材料消耗产生决定性作用。在人人都是消费者的时代，每一位消费者都深度参与了产品生命周期的重要环节；作为推动循环经济的重要一环，该如何做才能成为一名合格的消费者呢？

○ **理性消费**

我们知道垃圾处理的最优等级就是避免垃圾的产生。减少消费作为一种有效的方式，可以在垃圾产生之前就将垃圾扼杀在摇篮里。想想我们在生活中是否有过不少冲动消费的经历？一时冲动买下的商品，还没等商品实现自身价值，就又迫不及待地想把它们处理掉。做一名合格的消费者，在作出购买决策前，谨慎思考自己是否真的需要购买这样一件商品，能否通过现有商品或者购买二手商品来代替新产品的购买，从而从源头避免资源的非必要消耗。

在进行消费选择时，切莫因为"选择困难症"而将商品全部收入囊中。尽量选择满足自身需求，且具有较长产品使用周期的商品进行购买，减少产品的更换频率。对于购买到的产品在使用时请多加珍惜，因为那是你曾经心仪并且精挑细选过的商品哦！

商品也是有其自身的生命周期和使用价值。理性消费，让每一件商品物尽其用，是对每一件产品的最大尊重。

○ **买它就要对"它"负责到底**

我们生活中常常不可避免地会产生一些闲置物品，比如因为需求改变而不再使用，或者因为产品损坏不能再使用。物品长期"闲置"，不仅是对空间的挤占，也是对闲置物品的"浪费"，因此我们要及时对闲置物品进行清理。

闲置物品的清理可不是简单投入垃圾桶，闲置物品也有属于它们的归宿，对于闲置物品的使用也要善始善终，负责到底。作为消费者，我们要将闲置物品做好分类。对于还可以继续使用的物品，我们可以选择将它们赠予需要的人，或者送至二手商店，让闲置物品得以继续完成它们的使命。赠人玫瑰，手有余香；予物传承，延有余力。

对于那些损坏的物品，也请不要随意丢弃，因为材料中的成分很可能对周围环境以及人类健康造成危害。损坏的物品也有可能在维修商店经过师傅的修复重获新生，请给旧物以第二次生命的机会。即使物品已经没有再利用的价值，也要记得将它们送到垃圾回收站，通过拆解、分拣，各类材料也可以被回收，再次用于其他产品的制作，开启一段新的旅程。

每一件物品都有它的生命周期，从决定购买它们的那一刻起，就要对所购买的产品负责，这是作为消费者的责任，也是对地球资源的尊重。

（2）什么是生产者责任？

在环保和垃圾处理的世界里，不同的角色往往承担不同的责任。生产者作为资源材料的开采者，产品的制造商，对产品的整个生命周期肩负着重要责任，包括产品的周期、回收、循环，以及最终处置。

1990 年，瑞典学者托马斯·林德奎斯特（Thomas Lindhqvist）首次提出了生产者责任延伸制（extended producer responsibility，EPR）的概念。生产者责任延伸制作为一种环保战略，旨在通过使产品的制造商对产品的整个生命周期负责，从而达到降低产品对环境影响的目的。这既包括上游影响，例如产品中材料的选择，还包括下游影响，例如一旦产品变成废物，对废旧产品的再利用和处理。因此，在生产者责任范围内，生产者有义务提供资金，应确保当产品变为废品时，以环境可持续的方式对产品进行收集和回收。

生产者的义务除了组织和资助回收计划外，还包括在国家注册簿上注册，宣布投放市场的材料以及向最终用户（如消费者）告知如何最好地处置最终产品。

小E课堂

生产者责任延伸制在瑞典是如何运行的？

生产者责任延伸制在瑞典的多种垃圾收集上都有应用。比如左图是在瑞典超市门口很常见的一种回收饮料瓶子的装置，多种常见材质的饮料瓶都可以通过这个机器进行回收，这里采用的就是我们前面讲到的PANT的系统。因此，饮料瓶通过这类装置进行回收，之后再由厂家或者处理公司进行统一的处置，是生产者责任延伸制的一个具体示例。

此外，以电子垃圾为例，在瑞典大约有10 000个电池盒，600个回收中心和30个回收设施用来回收废电子产品。在许多药店、杂货店、购物中心和商店，居民都可以找到电子产品的回收箱投放喷雾罐、灯泡、电池、手机等电子设备。自2015年以来，电气和电子设备零售商有义务回收电子废物，这意味着消费者也可以将其电子废物直接交给零售商。

（3）与其扔了旧的再买新的，不如试试以旧换新？

在生活中，我们常常因为种种原因，不再使用某件物品，想着扔了旧的、再买新的。但有时，旧的东西或是随手扔了，或是不知道丢在哪里合适。比如手机，有人随手就扔在丢生活垃圾的地方，有人因为害怕信息泄露、家里攒了十多部手机都不知道该扔在哪里。近年来，越来越多的政策、品牌和平台都在鼓励以旧换新。所以，下次不如试试以旧换新？

具体来说，在推动循环经济的过程中，"以旧换新"政策成为一个重要的手段。该政策旨在通过回收旧产品，促进资源的再利用和减少废弃物的产生。习近平在中央财经委员会第四次会议上发表重要讲话强调，加快产品更新换代是推动高质量发展的重要举措，要鼓励引导新一轮大规模设备更新和消费品以旧换新。近年来，中国政府和企业在这方面都做出了积极的努力。近几年出台的重要政策包括：

- ✓ 2020 年 11 月，国家发展和改革委员会等部门发布了《关于推动重要消费品更新升级 畅通资源循环利用实施方案（2020—2022 年）》，明确提出通过财政补贴等手段，鼓励家电、汽车等产品的以旧换新。①

- ✓ 2024 年 1 月，生态环境部发布了《关于加强废旧电子产品回收处理的指导意见》，要求各地加强废旧电子产品的回收处理体系建设，提高资源回收利用率。该意见鼓励企业参与绿色供应链的建设，通过"以旧换新"推动废旧产品的循环利用。意见还要求科技公司和零售商提供以旧换新服务。具体来说，消费者将旧手机交还后，不仅可以获得新手机的价格折扣，还能得到额外的环保积分或代金券。例如，华为和苹果等公司推出的以旧换新计划，消费者在更换新手机时，可以享受高达 15% 的折扣。自政策实施以来，旧手机的回收量增加了 35%，新手机的销售额增长了 20%。同时，这些旧设备可以由专门的机构进行处理，废旧手机被翻新、重新销售或者拆解后，其中的有价值的材料可以被提取并且进行再利用。这种方式不仅减少了电子废弃物的产生，也节省了资源，专门的处理机构进行处理也可以保证废旧手机的信息安全。②

- ✓ 2024 年 3 月，国务院印发《推动大规模设备更新和消费品以旧换新行动方案》，提出实施消费品以旧换新行动。随后，

① https://app.www.gov.cn/govdata/gov/202407/25/517625/article.html
② https://www.gov.cn/zhengce/202406/content_6955071.htm

商务部等 14 部门印发《推动消费品以旧换新行动方案》，明确了消费品以旧换新的具体任务，其中包括：扩大政策覆盖面，进一步扩大以旧换新政策覆盖的消费品范围，涵盖家电、汽车、电子产品等重点消费领域，并且明确了不同产品类别的补贴标准和回收处理要求；加大补贴力度，对参与以旧换新的消费者提供财政补贴；建立回收体系，强化废旧产品回收网络的建设，推动企业和地方政府建立规范化的回收处理体系，确保废旧产品得到安全、环保的处理和再利用；加强宣传和推广，通过多种渠道宣传以旧换新政策，提升公众的环保意识，鼓励更多消费者参与到以旧换新活动中来，并要求企业在宣传中明确标示环保和优惠信息；以及监测和评估，建立健全的监测评估机制，定期对政策实施效果进行评估，及时调整优化政策措施，确保政策的有效落实和实际效果。[2]

- ✓ 2024 年 5 月，在汽车行业，中国汽车工业协会联合多部门发布了《2024 年绿色汽车行动计划》，强调通过财政补贴和税收优惠，鼓励消费者更换低排放和新能源车辆。具体措施包括，消费者报废或出售旧车后，购买新能源车辆时可获得政府补贴，最高可达 2 万元人民币。这一政策极大地刺激了新能源汽车的市场需求。数据显示，2024 年上半年，中国新能源汽车的销售量同比增长了 40%，以旧换新比例从 2023 年的 15% 提升至 2024 年的 25%。[2]

- ✓ 2024 年 7 月，国家发展改革委和财政部印发了《关于加力支持大规模设备更新和消费品以旧换新的若干措施》，一方面统筹安排 3 000 亿元左右超长期特别国债资金，加力支持大规模设备更新和消费品以旧换新，另一方面提出了新的财政补贴和税收优惠政策，以进一步激励消费者参与以旧换新活动。例如，在购买新款节能冰箱、洗衣机等家电时，消费

---

① https://www.gov.cn/zhengce/202406/content_6956625.htm

② https://news.cctv.com/2024/07/30/ARTIwM9VeEtirrEcGMOJNiUP240730.shtml

者可以获得旧机回收补贴加上新机购买优惠，总共能享受到5% 至 10% 的价格折扣。这一政策大幅降低了消费者的购买成本，促使更多家庭选择更高效节能的新家电。据统计，自政策实施以来，全国家电以旧换新比例增长了 25%，其中节能型家电的销售量同比增长了 30%。[①]

"以旧换新"政策对消费者、企业和环境都有显著的好处。对于消费者来说，通过政策的补贴和优惠，购买新产品的成本得以降低，同时还能享受到更新、更高效的产品带来的便利和性能提升。对于企业来说，这些政策不仅促进了新产品的销售、减少库存压力，并且通过回收旧设备可以获取宝贵的原材料，降低生产成本。此外，积极参与以旧换新活动的企业还能提升品牌的社会责任形象，吸引更多消费者。对于环境来说，"以旧换新"政策大大减少了废弃物的产生。通过回收和再利用旧产品中的材料，减少了对原材料的依赖，降低了资源开采的环境负荷。同时，淘汰老旧、高能耗的产品，使用更加环保和节能的新产品，有助于减少碳排放和其他污染物的排放，为环境保护做出了贡献。

总之，"以旧换新"政策不仅是推动循环经济的重要举措，也是促进社会经济可持续发展的重要力量。未来，随着政策的不断完善和推广，这一措施将在更多领域发挥其积极作用。

[①]　https://www.gov.cn/zhengce/content/202403/content_6939232.htm

第**5**章
垃圾变能源

　　有一些垃圾也是可以作为原料生产能源的。常见的垃圾变能源方式包括三种：沼气、垃圾焚烧发电和垃圾气化。其中，沼气是利用餐厨垃圾、畜禽粪便等有机废弃物，通过一定的生物反应，变成沼气，进一步去发电或者供气。垃圾焚烧发电就是将垃圾进行燃烧，驱动汽轮机组发电，发电可以给千家万户使用，同时也可以将发电产生的余热用来给城市供暖或者供冷。垃圾气化是通过热解的作用，将垃圾在高温和厌氧的条件下产生可燃性气体。可燃气体是一类可以再次使用的能源。本章将重点讲解目前国际上比较成熟的沼气和垃圾焚烧两类处理方式。

1. 什么是沼气？

　　对大部分人来说，沼气可能并不陌生。从字面意义上来看，沼气就是沼泽里冒出的一种气体，这种气体可以被点燃。那么，沼气为什么可燃呢？沼泽里为什么会"莫名其妙"出现这种气体？沼气可以人造吗？沼气又如何被我们利用呢？

　　沼气的历史非常悠久，最早可以追溯到 18 世纪。早在 1776 年，意大利物理学家伏尔泰就发现，在厌氧状态下有机物质在腐烂过程中能产生含有甲烷的气体，也就是我们今天所说的沼气。100 年后，欧洲第一个市政废水处理的厌氧消化工程于 1881 年在法国建成并投入运行。由于欧洲能源紧张，在第二次世界大战前后，生产沼气的发酵工艺迅速发展起来，1941—1947 年，法国、德国都兴建了一批小型沼气发酵工程。到 20 世纪五六十年代，由于矿石燃料价格便宜，"沼气热"被冷落了，一些沼气工程相继停产，但是随着石油危机和环境问题的挑战，沼气逐渐在很多发达国家得到了长足发展。在中国，毛主席曾经大力推广沼气的普及应用，中国广大农村地区推广和建设了一大批小型户用沼气池，而四十多年前，习近平同志在陕西省延川县插队时，也亲自带领梁家河村民修建沼气池。

沼气是在无氧环境下，微生物将有机物消化后产生的甲烷、二氧化碳和少量其他气体的混合物。沼气的确切成分取决于原料的类型和生产途径。那么，沼气的产生过程跟"消化"又有什么关系呢？我们举个简单的例子：牛吃草后，食物会在消化道内微生物的作用下发酵、分解，产生大量的二氧化碳、甲烷等气体，之后通过放屁的形式排出体外。而牛放屁产生的气体，也是由甲烷和二氧化碳为主要成分的气体，跟沼气的成分近似。而且，牛的消化产生含有甲烷的屁的这个过程，和沼气的产生过程也十分类似。因此，用"消化"这个词来描述沼气的产生过程，还是十分准确又形象的。

在许多氧气有限的环境中，产生沼气这一过程可以自然发生。除了牛等反刍动物的消化过程可以产生沼气，在条件适宜的沼泽和稻田中也可以产生沼气。在沼气产生过程中，许多不同的微生物都参与到了复杂的"相互作用过程网"中，从而将复杂的有机化合物（如碳水化合物、脂肪和蛋白质）分解成最终产品，也就是以甲烷和二氧化碳为主的气体。

近些年来，这一自然过程被工业界进行了利用，人们修建了沼气生产厂。在沼气厂中，有机化合物（如废水处理后的污泥、粪便、农作物和食物残渣等）被送入一个完全密闭、隔绝空气的容器或反应器中，这个反应器就像牛的胃一样，微生物可以在特定条件下将有机物分解成沼气。这时的沼气主要由甲烷和二氧化碳组成，也可能有少量的氮气、氨气和硫化氢等气体。此外，粗制沼气中还常有饱和的水蒸气。除沼气外，这一过程还会形成富含营养的消化残渣，就像牛吃过的草会形成粪便一样，这些消化残渣经过处理后还可作

为肥料使用。

沼气中对我们人类有用的部分是甲烷，因为甲烷燃烧是沼气提供能量的主要来源。沼气的甲烷含量通常在 40%~60% 的体积范围内，其余大部分都是二氧化碳。这种体积范围意味着沼气的能量含量会有所不同，沼气能提供的能量与甲烷的多少密切相关。沼气可以直接用于发电和供热，也可以作为烹饪的能源。但沼气经过提纯后可以作为品质更好的能源以供使用，也可以作为原料加入工业生产的过程中。一般情况下，一立方米甲烷的热值为 9.97 千瓦时，但二氧化碳则完全没有热值。一般来说，热值越高，作为能源的效果就越好。因此，沼气的能量含量与甲烷含量有直接关系。

小E课堂

几种常见燃料的能量含量

1 立方米沼气（生物天然气，97% 甲烷）	9.67 千瓦时
1 立方米天然气	11.0 千瓦时
1 升汽油	9.06 千瓦时
1 升柴油	9.8 千瓦时
1 升 E85（乙醇）	6.6 千瓦时

从上述数据我们可以看出，沼气其实是一种比较优秀的燃料。

另外，产生沼气的不同来源有机物又可以被称为"基质"，比如厨余垃圾、污水污泥和动物粪便都是不同的基质。这些基质中含有的有机物的组分和比例也有一些差异，因此它们产生的沼气中含有甲烷的多少和其余气体的成分亦不相同。

2. 沼气是如何产生的？

我们已经知道了，许多不同的有机材料都适合作为生产沼气的基质，比如废水处理厂的污泥、食物垃圾、粪便、植物材料等。在某些情况下，为了使储存系统、泵送、搅拌 / 搅动和微生物分解的功能达到最佳状态，这些原料在使用前需要进行预处理。

沼气的产生过程可分为三个主要步骤：水解、发酵和甲烷形成。第一步，微生物在酶的帮助下，可以将复杂的有机化合物分解为较简单的化合物，比如可以形成糖和氨基酸等物质。第二步，在基质的发酵过程中会形成一些中间产物，包括醇类、脂肪酸和氢气等。第三步，甲烷由一组独特的微生物在无氧的条件下生成。经过这些步骤后产生的粗制沼气主要由甲烷和二氧化碳组成。

产生甲烷的微生物生长十分缓慢，如果它们接触到氧气就会死亡。它们还需要获得某些维生素和微量元素，并对温度、酸度（pH值）等的快速变化很敏感。因此，在生产甲烷时，要严格控制反应器里的条件。

小 E 课堂

沼气和天然气的异同

尽管甲烷的来源不同，但沼气和天然气都主要由甲烷组成。沼气是由地壳上方的生物圈中已经循环的有机物质分解产生的，而天然气则源于数百万年前发生的类似有机物质的厌氧转化，由此产生的气体被深埋在化石层中。大多数住在城市的居民家里用来做饭的就是天然气，沼气也逐渐以汽车燃料或生物天然气的形式在我们的日常生活中出现。

3. 哪些原料能够产生沼气？

很多有机物都可以产生沼气，比如牛吃的草就可以产生沼气。以下是生产沼气的常见原料。

· 农作物秸秆：小麦、玉米、水稻、其他粗粮、甜菜、甘蔗、大豆和其他油料作物收获后的残留物等都可以作为生产沼气的原料。

· 动物粪便：来自牛、猪、羊和家禽等牲畜的粪便。

· 城市生活垃圾的有机部分：厨余垃圾、园林垃圾（如落叶、枯草和废木头）等。

· **食品工业的废弃物**：果皮、果壳、残枝剩叶等在食品生产中废弃的有机物。

· **废水污泥**：从城市污水处理厂回收的半固体有机物，即对污水进行处理后残余的固体部分。

· **能源作物**：只需低成本就可种植生长的作物，只为生产能源而非用于产量而种植的作物。在世界上一些地方，特别是在德国，这些作物对沼气生产的兴起起到了重要作用。然而，它们也引发了关于潜在土地使用影响的激烈辩论，也就是为了种植这些作物而占用大量的土地。

4. 沼气的来源有哪些？

沼气的来源其实有很多。既然含有一定量甲烷的气体都可以被看作沼气，广义上说，牛的屁也可以被看作一种沼气。但是，从技术、成本和可行性各个角度考虑，我们不能稳定获得和收集牛的屁，也不能稳定地从沼泽中提取和获得沼气，所以近些年来，科学家和工程师们通过人为的手段来生产沼气，让沼气可以为我们所用。沼气的常见来源有如下三种。

（1）生物消化器（biodigester）

一般的生物消化器都是密闭系统（如密封的容器、罐子或池子），其中的有机物质在水中稀释后，被自然产生的微生物分解后产生粗制沼气。在使用粗制沼气之前，污染物和水分通常会被去除。粗制沼气也可以在提纯后进行使用。生物消化器可大可小，大一些的可以在沼气生产厂进行大规模、工业化的生产，小一些的可以设置在农村牧场等地区供家庭使用。

（2）垃圾填埋场气体回收系统

在垃圾填埋场的厌氧条件下，城市固体废物（也就是生活垃圾）分解后会产生沼气。可以使用管道、抽气井与压缩机一起收集沼气，将沼气引到集中收集点，以供运输或使用。

（3）废水处理厂

废水处理厂可以利用设备从污水污泥中回收有机物、固体和营养物质，如氮和磷。经过进一步的处理，污水污泥可以作为输入，在厌氧消化器中生产沼气。

5. 沼气的一般形式有哪些?

（1）厌氧消化沼气（digestion gas）

从污水污泥、粪便、农作物和食物垃圾等基质中获得的沼气有时又被称为消化气。消化气一般具有较高的甲烷含量（至少55%）。由不同基质联合消化获得的消化气有时与单纯从污水污泥中提取的消化气会有所区别。

联合消化是指在产生沼气的同一过程中，同时消化多种基质。例如，源头分类后的厨余垃圾或屠宰场产生废物与粪便和污水污泥一起消化，就是联合消化的一种。与消化污水处理厂的污泥相比，联合消化通常会产生甲烷含量更高的沼气。

（2）垃圾填埋气（landfill gas）

垃圾填埋场也会产生沼气。从垃圾填埋场提取的气体中，甲烷含量一般较低（45%~55%），这是因为垃圾填埋场的沼气产生往往很难，也不会像在专门的沼气池中那样进行控制和优化。填埋场

产生的沼气需要用风机抽出，但当甲烷被风机抽出时，一些气体也会不可避免地泄漏到填埋场中。垃圾填埋场中的甲烷生产是一个缓慢的过程，有的可以持续 30~50 年之久！垃圾填埋厂的沼气产量一般不会很高，收集到的气体可以在处理后为垃圾场供热或供电，满足厂内一部分的能源需求。有关垃圾填埋厂的细节，我们在之后的部分将为大家详细讲解。

6. 沼气与生物天然气有什么不同？

一般来说，粗制沼气中的甲烷含量为 50%~60%，通过进一步净化和提纯，甲烷含量可以提升到 98%~99%，即形成生物天然气。生物天然气又称生物甲烷（bio-methane），是一种近乎纯净的甲烷气体。生产生物天然气，除了可以通过提纯沼气（去除沼气中的二氧化碳和其他杂质的过程），还可以通过固体生物质热气化后进行甲烷化生产来获得。目前，大多数生物甲烷的生产来自沼气的提纯，然而，热气化路线的生物甲烷可以使用木质生物质作为原料，也就是使用森林保养和木材加工的残留物作为原料。

生物天然气有很多优点。和普通的天然气相比，生物天然气更加清洁、环保，因为生物天然气都来自废物处理过程的可再生能源，而普通天然气则是天然的化石燃料，是不可再生的能源。和天然气的输送一样，生物天然气也可以通过压缩和液化生产出压缩生物天然气（bio natural gas, CBG）和液化生物天然气（liquefied bio gas, LBG）。经过压缩或液化的生物天然气，更适合长距离输送，从而扩大其应用场景。同时，生物天然气的品质相当于汽车燃料的水平或直接注入天然气网的质量。

7. 沼气在世界各国处于什么发展状况？

沼气的兴起主要是由两个因素决定的：政策支持和原料供应。世界各地的沼气产业发展并不均衡，因为它不仅取决于原料的可得性，还取决于鼓励其生产和使用的政策。各国的政策不同，主要原料也有所差异，但共同的趋势都是加大沼气的生产力度，让更多的沼气可以替代化石能源以供使用。目前，欧洲、中国和美国的沼气产量占全球产量的 90%。

　　欧洲是当今最大的沼气生产地。德国是目前世界上最大的沼气市场，拥有欧洲三分之二的沼气厂产能。能源作物是支撑德国沼气产业发展的主要原料，但近年来政策更多转向利用农作物剩余物、动物粪便等方式，以及从垃圾填埋场来获得沼气。在瑞典，自 20世纪 60 年代以来，城市废水处理厂就开始生产沼气。当时废水处理厂为了减少需要处理或排放的污泥量，而使用微生物分解污泥，顺便生产沼气。然而，1970 年左右的石油危机改变了瑞典人的态度，让人们开始对沼气技术进行研究并着手建设沼气厂，以减少环境问题和对石油的依赖。在这样的时代背景下，瑞典工业界首先采取行动：瑞典的糖厂和纸浆厂率先使用厌氧消化技术来净化废水，生产沼气。同时，一些小型的沼气厂也在农场被建造起来，以用于粪便的厌氧消化。在 20 世纪 80 年代，瑞典部分垃圾填埋场开始收集和利用垃圾填埋所产生的沼气，这一活动在 90 年代迅速向瑞典全国发展。自 90 年代中期以来，瑞典已经建造了多个不同类型的沼气厂，用于消化来自食品工业、屠宰场、家庭和餐馆的垃圾来生产沼气。其他欧洲国家，如丹麦、法国、意大利和荷兰等也积极推动沼气生产。

　　在中国，相关政策支持农村地区安装配置家庭规模的沼气池，目的是增加现代能源和清洁炊事燃料的使用。这些沼气池占目前沼气装机容量的 70% 左右，也就是说，中国的沼气生产的一多半都来自农村。当然中国现在也有不同的方案，以支持安装更大规模的由沼气作为原料的热电联产工厂（即同时生产热能和电力的工厂）。此外，国家发展和改革委员会在 2019 年年底专门发布了一份关于沼气产业化和提纯为生物甲烷的指导文件，并且支持生物甲烷在交通部门的使用。

　　在美国，使用沼气的主要途径是收集垃圾填埋气，如今美国由垃圾填埋气生产的沼气产量占到总产量的近 90%。美国人对利用农

业及畜牧业废弃物生产沼气的兴趣也越来越大，因为美国国内的畜牧市场几乎占了美国甲烷排放量的三分之一。另外，由于各级政府的支持，美国运输部门在使用生物甲烷方面也处于全球领先地位。

剩余10%的全球沼气产量中，约一半的沼气产量来自亚洲的发展中国家，特别是泰国和印度。泰国利用木薯淀粉、生物燃料工业和养猪场的废弃物生产沼气。2007—2011年，由于有国际财政的支持，亚洲发展中国家的沼气产业发展十分迅速。但2011年后，财政支持减弱，新的沼气项目数量急剧下降。

在南美洲，阿根廷和巴西也通过财政支持发展并使用沼气，其中巴西的大部分沼气产量来自垃圾填埋场。另外，醋渣，这种乙醇行业的副产品，也十分具有潜力。

由于缺乏相关数据，我们很难清楚地了解当今非洲的沼气消费情况，但非洲沼气的使用集中在有具体支持方案的国家。一些国家，如贝宁、布基纳法索和埃塞俄比亚等国，由国家提供的补贴可以覆盖一半甚至全部的投资。非政府组织推动的许多项目则提供了实用技术和补贴，以降低净投资成本。除了这些补贴，信贷机构在非洲一些国家也取得了进展，特别是肯尼亚2018年推进一个"从租赁到拥有"的沼气项目，为该国2018年几乎一半的沼气池安装提供了资金。

8. 沼气有哪些用途？

（1）产热——沼气最常见的用途

沼气可用于本地供暖或远程供暖（通过区域供暖网络）。用于直接燃烧产热时，沼气燃烧前只需去除气体中的水蒸气就可使用。大多数沼气厂都有供暖锅炉，燃烧沼气产生的热量通常用于加热附近的建筑。多余的热量可以直接通过燃气管道或区域供热网络间接分配到更远的地方，满足区域供暖需求。拥有沼气池的农村地区一般也可以用沼气进行产热，来满足做饭、取暖等家庭所需的日常热量消耗。

（2）发电——电网中的绿色电力

沼气可以作为原料进行发电。如今，全世界约有 18 吉瓦① 的发电装机容量以沼气运行，其中大部分在德国、美国和英国。2010—2018 年，沼气发电机的装机容量平均每年增加 4%。近年来，美国和一些欧洲国家的部署有所放缓，主要原因是政策支持的变化，不过中国和土耳其等其他市场的增长已经开始回升。虽然沼气的发电成本相对较高（高于风能和太阳能发电），但沼气厂可以灵活运行，因此可以为电网提供平衡和其他辅助服务。

（3）热电联产——电网中的绿色电力

沼气可在同一工厂同时生产热力和电力。如果当地有供热需求，沼气热电联产的经济性要大大强于纯电厂。这是因为热电联产可以提供更高的能源效率，可以在工艺中将约 35% 的沼气能量用于发电，另外 40%~50% 的余热用于供热。

（4）车用燃料——最好的生物燃料之一

当沼气中的二氧化碳被去除后，沼气的甲烷含量可以达到 97%，这一过程又被称为沼气的纯化。纯化后的沼气可用作车辆燃料，是汽油和柴油的优良替代品。

越来越多的地区开始把沼气作为汽车燃料。比如在瑞典就在很多地区设置了加气站，目前大多数沼气加气站位于瑞典南部和西部，但沼气站在瑞典其他地区的数量也在逐年增加。

沼气和天然气作为燃料使用时都被称为车用气。公交车在使用生物天然气（简称沼气公交车）时具有很明显的优势，例如瑞典斯

---

① 吉瓦是功率单位，符号为 GW。1 吉瓦 $=10^6$ 千瓦。

堪尼亚公司的沼气公交车一次充满气后可连续行驶 500 千米，运行非常稳定，安全性极高，便于维修。沼气发动机大部分零件与普通柴油发动机一样，生物天然气发动机技术成熟，其热效率、动力与扭矩输出都与柴油发动机处于同一水平，使用寿命可达 16 年。同时，生物天然气可与普通天然气以任意比例混合作为临时机动车燃料，解决了设备维修时临时用气的问题。可以说，沼气汽车是真正的清洁能源汽车，远远超越欧六标准。氮氧化物排放水平只有欧六标准的 61%，颗粒物排放只有欧六标准的 32%。还有一类车叫作双燃料汽车。这种汽车同时拥有单独的汽油和天然气储存罐。它的发动机可以使用两种燃料，一般情况下，如果天然气用完，汽车会自动切换到汽油燃料来运行。优秀的双燃料发动机最高可将 90% 的柴油替换成天然气，这种发动机的油耗低，氮氧化物、颗粒物等排放少，是适合重型车辆的环保型替代产品。

(5) 工业界——以沼气为燃料，以甲烷为原料

沼气提纯后形成甲烷含量很高的生物燃料，甲烷燃烧时火焰清洁纯净，这意味着锅炉和其他设备不会被烟尘和煤渣堵塞，使得工作环境更加清洁，也减少了工厂器械的磨损。工厂还可以通过消化各种废物和工业工艺用水等方式获得沼气，来实现工厂热能和电力的自给自足。

另外，甲烷分子还可以在许多不同的制造过程中作为原料使用，甲烷可以制造出多种多样的最终产品，如油漆、塑料、家具、动物饲料和润滑油等。因此，工厂如果可以自己生产沼气，从沼气中提纯后的甲烷可以作为原料制造其他产品，减少工厂对甲烷的购买需求。

(6) 消化残渣——生物粪便和消化后的污水污泥

产生沼气的过程中，微生物进行厌氧消化后残留的废渣（也称为"沼渣"）可作为肥料，用于改良土壤和栽培农作物。但利用沼

渣制作肥料的条件是沼渣中不含污染物（如重金属、传染性微生物及药物或农药的残留物等）和塑料、玻璃等可见污染物。

沼渣可根据其来源（即使用的基质）分为生物沼渣或消化污水污泥。一般来说，被污染的原料会影响到最终的产品，换句话说，原料被污染的话，最终产品中含有污染物质的可能性就会增大。因此，正如我们之前讲过的那样，仔细的源头分拣是成功制造出无污染产品的关键。

沼气生产厂消化分解相对无污染的有机废弃物（如粪便、源头分选的厨余垃圾、农作物残渣、食品工业的工艺水等）所产生的沼渣通常称为生物沼渣，它的粘度与牛、猪等牲畜的液态粪便相似，肥料成分丰富，通常也不存在污染问题，因此生物沼渣非常适合作为农业肥料使用。

源于水处理厂的消化污水污泥通常含水量较高，因此需要进行脱水处理。污泥中往往含磷量较高，从植物营养的角度来看，污泥对植物生长是很有帮助的，但同时污泥中的重金属浓度又相对偏高，因此重金属的含量会限制其在农业上的应用。厌氧消化后的污泥可以与锯木屑和沙子等结构材料混合，混合后的材料通常可以用作道路、高尔夫球场等地的填充材料，也可以充当垃圾填埋场的覆盖材料。

9. 使用沼气为什么能解决环境问题？

沼气和生物甲烷在全球能源系统转型中具有很大的潜能。相较于煤和天然气，沼气是一种比较清洁的可再生能源，因为沼气在燃烧时，向环境排放的灰尘和颗粒可以忽略不计。举个例子，与柴油发动机相比，沼气驱动的车辆排出的废气气味更小，发动机更安静，振动更小。同时，燃烧沼气的时候，一氧化碳、碳氢化合物、硫化合物和氮氧化物的排放比使用汽油或柴油作为燃料时要少，不会造成大气污染。另外，生产和使用沼气的整个过程，不会增加大气中温室气体的净含量，因此对于缓解气候变化，实现碳中和是非常有帮助的。

相对煤和石油来说，沼气也是一种更加安全的燃料。一方面，沼气比空气轻，所以如果发生沼气泄漏，沼气会通过周围的空气上升，不会长久停留在地面，一定程度上降低了被引燃的风险。另一方面，沼气的着火温度比汽油和柴油高，从而降低了事故中发生火灾和爆炸的风险。同时，储存沼气的罐子的结构都比较坚固，一般来说比传统的汽油罐有更大的抗压能力。

沼气具有很多的环境效益，比如沼气是最环保的汽车燃料。从环境的角度来看，沼气工艺有许多优点，特别是因为它产生了两种环境友好型的最终产品，即沼气和生物肥料。沼气是目前市场上最环保的车用燃料，也可用于发电、产热和用作工业原料。

如今，沼气和生物甲烷占生物能源总需求的比例不到3%，占一次能源总量的比例更小，只有0.3%。但我们有理由相信，在以下这些优点的支持下，这些低碳气体在未来会有更坚实的立足点：

○ **天然气系统的优势**

沼气和生物甲烷可以提供天然气的系统优势（储存、灵活性、高温热能），而不产生净碳排放。随着经济的低碳化，这将成为一个关键的属性。

○ **可再生的能源**

沼气和生物甲烷都可以算是可再生能源。沼气燃烧时释放的二氧化碳与空气中的氧气混合，不会加剧温室效应。沼气过程中产生的甲烷分子中的碳来源于空气中的二氧化碳，这些二氧化碳是生长中的植物之前通过光合作用吸收的。所以总的来说，使用沼气并不会让温室效应更严重，沼气来源于生物质这一点也是可持续发展的重要一环。

○ **环保型燃料**

在目前市场上所有的车用燃料中，使用沼气产生的二氧化碳和颗粒物排放量最小。燃气发动机比柴油发动机更安静、振动更小，这意味着沼气作为燃料可以为专业司机提供更好的工作环境。同时，诸多计算结果表明，用沼气代替化石车辆燃料可将每单位能源的二氧化碳排放量减少90%，有利于控制温室效应和应对全球气候变暖的问题。如果用粪便生产沼气，环境效益可以翻倍，因为这样可以减少垃圾本身排放的甲烷和二氧化碳。以二氧化碳当量计算，利用粪便生产沼气会使每单位能源的减排量高达 180%。

○ **一种宝贵的肥料**

沼气原基质中的所有养分（如氮、磷、钾、钙和镁）都以可溶性和植物可利用的形式保留在残渣中，不会因浸出而损失。同时，消化过程是在封闭的容器中进行的，使用消化后的沼渣制作的肥料可以减少对化学肥料的需求，是一种绿色环保可持续的发展方式。

○ **减少甲烷的排放**

甲烷是一种温室气体，以 100 年为核算尺度，它对温室效应的贡献是二氧化碳的 25 倍。在传统模式下，粪便处理和储存方法可能会产生一定的问题，比如粪便堆积可能会导致甲烷自发排放到大气中的问题，造成温室效应。这个问题可以通过在密闭的反应器中厌氧消化粪便来避免，因为在密闭空间中，所有的甲烷都可以被收集起来作为沼气供以后燃烧使用。

○ **能源安全**

当沼气和生物甲烷取代远距离运输或进口的天然气时，它还能产生能源安全的好处。因为大部分生产沼气的原料，包括餐厨垃圾、污水污泥、农业废弃物等都是本地产生的，可以在本地处理生产沼气，供应本地使用，不会受到地区或国际能源危机的影响。

○ **符合循环经济的理念**

沼气和生物甲烷也可以通过能源和农业产业之间的伙伴关系进行大规模开发。通过沼气的生产和使用，能够使得工业生产使用更多自身产生的废物做能源，能够将有机垃圾中的有机物和营养物质提取进一步加工成为肥料，进一步投入循环使用。将一系列有机废物转化为价值较高的产品，沼气和生物甲烷完全符合循环经济的概念。

○ **改善城市空气质量**

由于生物天然气可以替代传统的化石燃料（例如煤炭、汽油、柴油等），因此可以避免化石燃料使用过程产生的大气污染物，比如二氧化硫、氮氧化物和可吸入颗粒物（也就是我们常说的 PM10 和 PM2.5）。

10. 使用沼气还会带来哪些好处？

沼气的生产为社会带来了许多好处，也就是说，生产沼气还具有一定的社会效益。例如，生产和使用生活甲烷可以创造新的就业机会，帮助农村地区繁荣发展，并为工业提供清洁燃料等。

○ 增加就业

推广沼气意味着对创造就业和区域发展进行投资。需要许多与此相关的利益团体都可以参与规划、建设、成本估算、生产、控制和分配的过程，以确保沼气作为一种燃料的成功发展。这一过程也需要更多的人才参与其中，可以创造更多的就业机会。

○ 可持续能源资源

发展沼气是摆脱对石油依赖的重要战略步骤之一，将十分有助于长期的可持续能源供应。

○ 让农村蓬勃发展

沼气技术的一个优点是可以在当地建立工厂并寻找用户，而不需要远距离运输或进口原材料。中小型公司和地方政府可以在任何地方建立沼气厂，换句话说，人们不需要将沼气厂设在某些特定的地点（例如附近的大城市），这十分有助于农村的发展。

○ 可持续化的废物管理

利用有机废物生产沼气是一种可持续的废物管理模式，这样可以减少使用其他方式处理有机废物的数量，例如通过燃烧或填埋的方式处理有机废物。

○ 工业的清洁燃料

甲烷是工业上十分需要的一种燃料。作为一种气体燃料，甲烷可以提供高质量的燃烧，也是可以做到精确控制的一种燃料。甲烷燃烧时火焰清洁纯净，这意味着锅炉和其他设备不会被烟尘和煤渣堵塞。这使得人们有了更清洁的工作环境，减少了工厂的磨损。

○ 提升食物供应保障水平

沼气生产过程中产生的沼渣是良好的土壤改良剂，能够改善土壤的质量，提升粮食生产效率，同时减少化肥的使用。使用沼渣可以让有机垃圾中的磷元素重新进入自然界进行有效循环。磷是一种非可再生元素，循环使用磷元素对人类的可持续发展非常必要。

○ **改善城市卫生状况**

使用厨余垃圾生产沼气可以更加高效地处理餐厨垃圾，避免其在城市中产生大量的臭味、细菌等，这样能够避免由于不合适的餐厨垃圾管理带来的疾病灾害，同时保护城市水体。

11. 沼气在中国的使用情况是什么样的？

中国的沼气发展已经有一段时间了，近两年，因为国家政策的扶持，发展和使用沼气即将进入下一个高峰。换句话说，沼气很有可能、也必将成为支持中国新能源发展的又一种有利的能源。可以说，中国沼气的发展前景是十分乐观的。

中国的沼气行业发展大致可以分为三个阶段。第一阶段的发展着重于家庭的小型沼气工程的建设。在这一阶段的发展中，建设沼气池曾经在农村风靡一时，一度为 2 亿多人提供生火做饭的能量，也处理了畜禽粪便，又顺便生产了多达 7000 万吨 / 年的有机肥料并替代了化学肥料的使用。但带来诸多好处、解决农村环境污染问题的沼气池，因为政策、技术、操作、成本、环保意识等多方面原因，如今很多被荒废限制了。第二阶段的发展是在养殖场建设大中型的沼气工程，比如德青源——一家著名的鸡蛋供应商——从 2007 开始就在北京郊区建设运营了用来处理禽类粪便的沼气发电厂。但很多的项目建成后面临着运营困难的问题，主要原因是收集、运输并处理畜禽粪便存在一定的困难，在技术上也存在一定的争议和难题。目前，中国沼气行业的发展已进入第三阶段，也就是推进建设特大型的沼气工程，用于生产可再生能源和有机肥料并进行综合利用。

近几年，中国推行的一些新政策让沼气行业的发展变得更加有利了。其中，一个非常重要的新政就是目前北方地区在大力推进冬季使用清洁能源供暖，也就是由传统的煤炭甚至柴火取暖方式逐渐转变为使用天然气供暖的方式。目前北京市已经完成了这一工程，河北省的部分农村也在积极转变。由于北方地区冬季对能源的需求极大，这项措施的实施使得北方对天然气的需求急剧增加。在中国天然气供应还比较有限的情况下，沼气作为原料易得的一种清洁能源，必将可以成为满足中国天然气需求的一种能源。同时，近两年来，中国垃圾分类制度的普及及对垃圾资源化的紧迫需求也是中国沼气发展的契机。另外，因为中国对天然气的需求量加大，沼气行业非常具有市场前景，可以提供就业岗位并带动相关产业的发展。

总的来说，中国使用沼气经历了起起落落的发展过程，近年来又走到了高速发展的风口上。希望这次搭乘着政策扶持的东风，中国的沼气可以真正发展起来，成为一种重要的能源，也为环境保护事业尽一份力。

12. 沼气在其他国家的使用情况是怎样的？

国际能源署（International Energy Agency, IEA）在 2019 年的研究报告中对全球 15 个国家的生物能源应用进行了统计。从项目统计结果来看，德国目前是这些国家中建设沼气厂最多的国家，到 2019 年共有 1 万多座沼气厂，远超其他国家。其次是英国，有近 1 000 座沼气厂。其他成员国的沼气厂都不超过 700 家。

与此同时，德国的沼气年产量约 120 太瓦时[①]，英国为 25 太瓦时，法国为 9 太瓦时，巴西为 5 太瓦时，丹麦和荷兰均为 4 太瓦时左右，其余国家的年产量不到 3 太瓦时。在澳大利亚和英国这样的国家，填埋场产生的沼气是最大的来源，而在德国、瑞士和丹麦这样的国家，填埋场气体只是一个次要的来源，这表明有机废物材料的填埋程度很低。

大多数国家生产的沼气主要用于供热和发电，有一个独树一帜

---

① 太瓦时是电量单位，常用于表示大规模的电能存储或消耗量，符号为 WTh。1 太瓦时 =10^{10} 千瓦时，而 1 千瓦时就是日常所说的 1 度电。

的国家，就是瑞典。在瑞典，一些生产的沼气经过提纯作为汽车燃料使用，或通过将其注入天然气网络以替代天然气。瑞典生产的沼气有一半以上用于汽车燃料，而德国使用沼气作为运输燃料的绝对数量位居第二。许多其他国家，如法国、荷兰、丹麦和韩国，都有沼气作为公路运输燃料的新兴市场，目前都在不断开发中。

不同国家之间在沼气生产方面的情况差别很大。在一些国家，小型工厂生产沼气是为了满足家庭需要，而其他国家则在大型工厂生产沼气。在许多国家，大部分沼气是在垃圾填埋场生产的。世界各国和不同地区对沼气的利用也有很大的不同，这跟各国的财政支持体系不同有很大的关系。在英国、德国和奥地利等国家，大部分沼气被用于发电，而瑞典的免税制度则倾向于将沼气用作汽车燃料。在一些国家，包括法国、丹麦、瑞典和英国，财政支持制度导致沼气在燃气网中的比例增加。总的来说，近年来，德国和瑞典依然拥有最大的沼气市场，但其他国家对沼气的兴趣越来越大。比如英国现在越来越多地将沼气用于供热和发电，法国和瑞士的沼气使用也在显著增长。

根据欧洲生物质能源组织的报告，在欧洲，69.6% 的沼气由林业、工业的废弃物生产，18.3% 由秸秆等农业废弃物生产，12.1% 由生活垃圾和污水污泥生产。生产出的沼气有一半用在工业界，一半提供给家庭供暖、做饭等。同时，74.7% 的沼气用于产热，13.4% 的沼气用来发电，11.9% 的沼气用作公共交通的燃料。

13. 沼气如何进行商业化？

以下我们以瑞典为例，向大家介绍欧洲国家是如何将沼气的使用进行商业化和工业化的。

○　生产

瑞典工业界进行沼气的生产已经有一定的历史了。瑞典的糖厂和纸浆厂使用厌氧消化技术来净化并生产沼气，市政污水处理厂通过厌氧消化处理污泥并生产沼气，农场可以自发建造小型的沼气生产工厂以用于粪便的厌氧消化，垃圾填埋场收集和利用垃圾填埋所产生的沼气，此外，还有一些工厂用来自食品工业、屠宰场、家庭和餐馆的有机垃圾来生产沼气。

○ 分配

沼气可以通过单独的管道或现有的燃气网进行分配，还可以作为压缩气体或液体形式进行运输。在瑞典，由于沼气越来越多地被用作汽车燃料，新型的沼气储存和分配系统也在研发中。

○ 燃气管道——沼气可与天然气共同分配

在瑞典，在工厂附近就地消纳沼气还是最常见的，也就是从沼气生产厂到一个或多个用户的所在地铺设沼气运输管道，经过压缩，压力高达 4 巴①的气体可以通过塑料（聚乙烯）制成的管道输送。

此外，由于沼气生产厂可以连接到总的天然气管网，这对沼气的销售和营销有很大的帮助。总的天然气网沿着瑞典西海岸从马尔默市（Malmö）到斯泰农松德（Stenungsund）延伸。这样就可以有效地调节临时的生产高峰。在将这些气体混合到天然气管网之前，提纯后的沼气中会加入长链碳氢化合物（通常是丙烷），以达到与天然气相同的能量含量，从而确保对客户公平的扣费。

○ 公路运输——液态甲烷

提纯后的压缩沼气可以装载于集装箱中，并利用拖车进行配送。这是目前最常见的公路运输沼气的方式。正在开发的一项新技术是通过低温提纯将沼气冷却为液态，即制成液化生物天然气后进行运输。该技术的一大优势是，即使在没有管道的情况下，气体也可以被冷凝成液体后进行更远距离的运输，例如用船或拖车运输。

液态甲烷还有一个巨大的优势：与常压下的气体相比，通过将甲烷转化为液态，每升甲烷的能量提高了 600 倍。单位体积的甲烷具有更高的能量，不仅方便运输，在使用时，用掉的体积也会减少。

○ 撒播生物肥料——用拖管式撒播机或管道式撒播机撒播

生物沼渣通常使用配备的粪便容器和拖曳软管的拖拉机进行撒播。瑞典的赫尔辛堡采用的是一种新的播撒方法，即用埋在地下的

① 巴是国际单位中的压力单位，符号为 bar。1 巴 =10^5 帕斯卡（Pa）。

管道将生物粪便抽取到农场中，再进行撒播。这样可以减少用卡车将生物粪便运到田间的成本，也节省了能源消耗。这种方式还可以确保已经进行过消毒的生物沼渣不会与尚未经过消毒的基质接触，并且降低生物沼渣在运输过程中污染环境的可能性。否则，如果用同一辆卡车将原料运到工厂和将最终的生物沼渣产品从工厂运出，就会面临这种风险。

○ 政府对使用沼气的支持

瑞典采取了一些经济激励措施来支持沼气的使用和推广，以实现欧盟内部制定的能源和气候政策方面的政治目标。其中最重要的是能源税，包括能源、二氧化碳和二氧化硫税。其他重要措施包括电力证书制度、气候投资和能源效率计划以及排放配额单位的交易。各类政策对使用沼气都是十分有利的，比如对沼气进行各类税费的减免，对农场生产沼气进行投资补贴，对使用沼气作为燃料的汽车减少车辆税、停车费，对提供沼气的加油站给予补贴等。

以上多种手段和措施帮助沼气在瑞典实现了商业化和工业化。

14. 沼气汽车和电动汽车，哪个更环保？

前面介绍了很多瑞典将沼气成功地应用在汽车燃料中的案例，而当前中国也在大力推广电动汽车（新能源汽车），那么究竟哪种燃料更加环保？

评估哪一种技术方案更环保，不能简单通过其中某一个环节来判断，科学的方法是采用生命周期评价（life cycle assessment, LCA），即从一个产品的原料、生产、运输、使用、回收、处理全生命周期进行全方位的评估。有一些科学家曾经做过科学测算和对比，结果显示，欧洲电动汽车的二氧化碳排放量是沼气汽车排放量的 15 倍。为什么会这样呢？因为从整个欧洲范围来看，还有很多地区采用化石燃料（例如煤炭）发电。虽然在电动汽车使用的时候没有直接的碳排放，但是它使用的电力有一部分来自火力发电厂，在电厂生产这部分电力时已经排放了相应的二氧化碳。中国是煤炭大国，目前还有大量的发电厂是烧煤发电的，因此比欧洲的电动车排放还要更多一些。而沼气从开始就是利用废弃物生产的，不涉及任何化石燃料和二氧化碳排放。因此，从二氧化碳排放的角度看，使用沼气为燃料的汽车可能比使用电力驱动的电车更加环保。

另外，电动汽车的电池在报废以后，还要面临很大的处理挑战。在处理电动汽车电池的时候，不仅可能会产生大量的二氧化碳排放，还可能会造成环境污染的隐患。废旧电池的处理一直是比较复杂的问题，也是科研难关。而沼气汽车的发动机技术与传统的发动机更接近，我们在回收或报废这类发动机时使用的技术更加成熟，对环境的影响或许更小一些。

当然，随着时代的发展，如果我们的电厂都使用清洁能源（例如太阳能、风能等），那么电力将越来越"清洁"，这将会大大提升电动车的环保性。如果我们的电池处理技术也能不断提升，电动汽车也会越来越环保。

15. 什么是垃圾焚烧？

垃圾焚烧，是将来自人们生活中被废弃的形状、颜色、材料各异的固体物质，置于封闭的钢铁容器内，在高温（800 摄氏度以上）条件下燃烧，火焰大体呈黄色，燃烧后生成灰黑色灰渣，放出大量气体，气体有微弱气味，能够使澄清石灰石变浑浊，并含有人体毒性极高的有机化学物质和微小尘粒；燃烧同时释放出大量的热，能加热大量的水给周边居民供热，或者（同时）带动发电机发电。

垃圾焚烧是城市生活垃圾最常见的处理方法之一，也是将垃圾转换为能源的成熟技术。特别是对医疗垃圾和有害废物，焚烧处理有独特优势，因为高温可以将其中的病原体和毒素彻底销毁。

垃圾焚烧的废气，含有大量的有毒有害物质，如二氧化硫、氮氧化物、硫化氢、氯化氢、二噁英等，必须经过净化处理后才能排放到大气中。

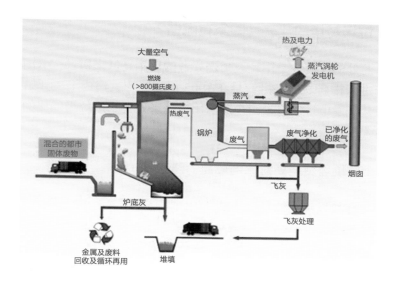

资料来源：香港特别行政区政府环境保护署。

用焚烧处理垃圾，最早的文字记载可能来自《圣经》。它描述了古代以色列人用焚烧来处理垃圾的情形：约公元前 1000 年，圣城耶路撒冷的垃圾被运送到基德隆河进行焚烧，焚烧之后的灰烬被撒在附近的墓地和伯利恒地区。

专业化的垃圾焚烧是城市化和工业化的产物。18 世纪的英国，伴随着"圈地运动"和"工业革命"的进程，大量的人口从农村涌入城市，形成了前所未有繁荣，也带来了海量的垃圾，进而对环境造成了严重污染。继承了瓦特精神的人们，开始尽心竭力地研究与"工业大国"地位相匹配的专业的垃圾处理方法。1874 年，Manlove，Alliott & Co. Ltd. 公司在诺丁汉建造了英国第一代用于垃圾处理的焚烧炉，这被视为现代垃圾焚烧的真正开端。

随后，德国汉堡在 1896 年建设了历史上第一座专门的生活垃圾焚烧厂，人类垃圾处理的新篇章正式开启。

16. 垃圾焚烧的代表性国家有哪些？

此处的代表性是用垃圾焚烧处置的比例高低来衡量，美国因此并未进入排名之中。尽管早在 1905 年，纽约就建成了美洲第一座垃圾焚烧发电厂，但是当今美国用焚烧来处置生活垃圾的比例仅为 13% 左右。

（1）全球垃圾焚烧处置比例最高的国家

全球垃圾焚烧处置比例最高的国家是日本。它的垃圾焚烧比例达到 70% 左右。

20 世纪 70 年代全球性的石油危机爆发之后，垃圾焚烧的能源利用受到发达国家的重视。日本由于国土面积狭小，土地资源匮乏，国情不允许大规模的垃圾填埋处置，加上传统的技术优势，起源于欧美的垃圾焚烧成为日本处理生活垃圾的不二选择。

日本东京中央焚烧厂距离日本皇宫仅 3.5 千米。

资料来源：日本东京市二十三区清扫一部事务组合总务部。
http://www.union.tokyo23seisou.lg.jp.c.de.hp.transer.com/somu/koho/kids/nagare/kanen.html。

在举全国之力推广垃圾焚烧的情况下，日本的垃圾焚烧厂数量一度占到全球的 70%。1973 年，日本实施了全国性的垃圾分类，从源头入手，降低垃圾焚烧对生态环境带来的负面影响，进而日本也成为全球垃圾分类的典范。

同样因为国土面积狭小而力推垃圾焚烧的国家还有新加坡、瑞士、卢森堡等。

（2）进口垃圾焚烧，北欧怎么可以这么"与众不同"！

芬兰、瑞典、挪威、丹麦、瑞士是欧洲焚烧处置比例最高的五个国家（2018 年数据），而北欧占据了四个名额。北欧一直是欧洲垃圾焚烧能源利用的高地，由于地处高纬度地区，北欧四国的垃圾焚烧能源利用，首先考虑供热，然后才是发电，因此其能源利用效率比仅仅利用垃圾焚烧进行发电要高出很多。

以瑞典为例，瑞典的人口稍稍超出 1 000 万，但全国的生活垃圾焚烧厂数量达到了 40 余个。瑞典生活垃圾填埋的比例不到 1%，且早在 2002 年起就禁止可燃垃圾进入填埋场，但由于垃圾焚烧厂众多，瑞典本国的垃圾早已供不应求，瑞典因此成为世界上第一个进口垃圾用于焚烧的国家。2019 年，瑞典总共从其他国家进口了 1 548 920 吨垃圾用于焚烧处理，其中生活垃圾有 525 360 吨；不但从其他国家赚取了垃圾处理费，还为本国提供了大量能源。

一座优秀的垃圾焚烧厂不仅仅能处理垃圾，还能让游客蜂拥而至！20 世纪的佼佼者当属维也纳多瑙河畔的施比特劳垃圾焚烧厂。施比特劳垃圾焚烧厂始建于 20 世纪 70 年代，1987 年因大火停运，后由奥地利著名建筑设计师百水先生进行重新设计，并于 1992 年完成重建。该垃圾焚烧厂因其造型独特、色彩斑斓，成为维也纳的地标性风景建筑，常年有人慕名而来，进行参观和学习。

2012—2015 年，施比特劳垃圾厂进行了一次大规模翻修，设备更新换代。如今，施比特劳垃圾焚烧厂每年可处理垃圾 25 万吨、回收废铁 6 000 吨，可保证周边 6 万多户家庭供暖和约 5 万户家庭供电。迄今为止，21 世纪最让人期待和赞叹的是丹麦哥本哈根的哥本山（CopenHill）垃圾焚烧厂。哥本山垃圾焚烧厂在设计之初就吸引了足够的目光，建成后成为哥本哈根最高的一栋建筑。建筑主体包括丹麦第一个滑雪斜坡，让丹麦人摆脱了滑雪最近也要去往邻国瑞典的尴尬；再加上徒步走道、攀岩墙和咖啡厅，让它成为当地人休闲和运动的场所。此外，哥本山垃圾焚烧厂还力求成为世界上最干净的一座垃圾焚烧厂，每年处理约 40 万吨生活垃圾，可以为 15 万户居民供热，给 55 万人提供电力。

自 2019 年 10 月作为公共景点向公众开放以来，哥本山垃圾焚烧厂已经成为哥本哈根的网红打卡点。

资料来源：http://loftcn.com/archives/132163.html。

17. 垃圾焚烧有什么优点和缺点？

垃圾焚烧在垃圾管理优先等级上，排位是比较靠后的。垃圾焚烧的优点评判，主要是跟管理等级排名相同的垃圾填埋进行比较。

垃圾焚烧的优点包括：

占地少	处理同等量的垃圾，焚烧厂占地大约是填埋场的 1/20~1/15
处理快	垃圾焚烧处理，焚烧全过程在 2 小时左右，预处理（发酵和脱水）需 3~7 天；垃圾在填埋场中的降解需要几年到几十年，玻璃等无机化合物降解长达百年，而塑料几乎不能降解
减量好	处理同等量的垃圾，填埋处理可以减少体积 30%，而焚烧处理，则可减少体积高达 90%
供能源	垃圾焚烧可以提供大量能源，3~4 吨垃圾相当于 1 吨石油。欧洲和日本已经将垃圾焚烧集成到现代供暖系统中。例如，在瑞典的区域供热能源结构中，垃圾焚烧占比超过 20%

垃圾焚烧的缺点包括：

价格昂贵	与垃圾填埋相比，垃圾焚烧厂的建设投资昂贵，焚烧厂需要训练有素的人员来操作，焚烧设备也需要定期维护，运行成本较高
衍生污染环境	垃圾焚烧后所产生的废气、炉渣、飞灰等衍生物环境污染问题非常突出，尤其是"二噁英"问题。1985 年美国就曾因环保方面因素取消了 137 座垃圾焚烧炉的兴建计划
对回收利用的潜在影响	垃圾焚烧实际上并不能鼓励垃圾回收利用和减少废物产生。仅对垃圾进行焚烧处理，而不鼓励废物回收利用，最终只会造成环境破坏，还可能会鼓励更多废物的产生
垃圾焚烧背后的环境不公	当前美国 80% 的垃圾焚烧厂坐落于低收入群体和少数族裔聚集的社区。这样选址是否公平成为美国反垃圾焚烧运动聚焦的一个主要方面，在美国推动焚烧项目被认为会加剧环境不公平。 由于民众对垃圾焚烧的反对以及投资运营成本高等因素，从 1996 年以来，美国只兴建了一座新的焚烧厂——位于佛罗里达州的西棕榈滩（2015 年）

18. 什么是邻避效应？

提到垃圾焚烧，"邻避效应"是绕不过去的一个问题。

邻避效应，英语表达为 Not-in-My-Back-Yard（NIMBY），意思是"不要在我家后院"。这个词因 20 世纪 80 年代英国环境事务大臣尼古拉斯·雷德利（Nicholas Ridley）的使用而广为流传。

现实情况中，"邻避效应"指居民们因为担心附近建设项目（如垃圾焚烧厂、核电厂、PX 项目等）对自身健康、环境质量和房屋资产等带来负面影响，从而产生厌恶和反抗情绪，继而采取集体反对甚至抗争行为。

有观点认为，邻避效应是"以邻为壑"[①]典故的现代演绎：由于人们不甘承受"以我为壑"的环境污染和利益损害，从而衍生出对政府项目的集体抵制。

针对邻避效应，《人民日报》曾发表文章指出，邻避效应，往往并不是技术的问题，而是信任的问题，开放是最好的"化解剂"。不应以邻为壑，而应敞开大门、以邻为亲，毕竟百闻不如一见。有效消除污水、垃圾等污染物处理设施常常遇到的"邻避效应"，最重要的是促使建设营运企业与设施周边居民形成利益共同体，增加设施周边居民对污染物处理成效的获得感。

19. 二噁英污染怎么解决？

二噁英（dioxin）污染是垃圾焚烧饱受争议的重要原因之一。有机物质在含有氯的环境下（有机氯化物或氯离子）燃烧，就可能会产生二噁英类物质。

二噁英并不是一种单一物质，而是结构和性质都很相似的一类物质，包括多氯二苯二噁英（PCDDs）和多氯二苯并呋喃（PCDFs)。二噁英大多是无色无味的脂溶性物质，非常容易在生物体内积累，

---

① "以邻为壑"的典故来自《孟子·告子下》："子过矣，禹之治水，水之道也，是故禹以四海为壑。今吾子以邻国为壑，水逆行谓之洚水。洚水者，洪水也。仁人之所恶也，吾子过矣。"

目前有 400 多种类似二噁英的化合物被确定，但其中只有近 30 种被认为具有相当的毒性。

2001 年 5 月，国际社会共同通过了《关于持久性有机污染物的斯德哥尔摩公约》，二噁英榜上有名，是全球范围控制的重点污染物之一。

（1）二噁英离我们并不遥远

自然界中森林火灾和火山爆发等都能够产生二噁英，有色金属、炼钢、水泥生产、制浆造纸（含氯漂白工艺）等行业均产生二噁英，汽车尾气、香烟、烧烤、烟花爆竹燃放等都能够产生二噁英。

垃圾露天焚烧排放的二噁英，是垃圾现代化焚烧排放的很多倍。现代垃圾焚烧中，二噁英的产生途径包括：

· 垃圾中本身含有二噁英，进入焚烧产物中；

· 垃圾在焚烧炉不完全燃烧，在 300~800 摄氏度的条件下合成二噁英；

· 在 250 摄氏度 ~300 摄氏度的条件下，二噁英通过基元反应合成；

· 多环芳烃（PAH）与含氯物质反应生成二噁英。

（2）垃圾焚烧的二噁英控制

垃圾焚烧主要从四个方面控制和减少二噁英排放：①做好垃圾分类，避免含二噁英物质和含氯成分高的物质进入垃圾焚烧系统；②做好焚烧工艺控制，使燃烧过程保持 800 摄氏度以上的高温，烟气停留时间在 2 秒以上，优化炉型或二次喷入空气等使烟气充分燃烧，让二噁英尽可能在炉内高温分解；③做好尾气处理，包括尾气处理温度控制，将烟气骤冷至 250 摄氏度以下，以减少适合二噁英形成的温度条件；④做好除尘，大量的二噁英会吸附在粉尘和飞灰上，除尘对二噁英控制至关重要。

随着现代垃圾焚烧处理技术的发展，在做好垃圾分类的基础上，垃圾焚烧的二噁英排放已经变得可控。以德国为例，1990年，德国产生约1 200克二噁英，其中33%来自垃圾焚烧；而到了2000年，德国二噁英的排放量低于70克，其中仅0.7%来自垃圾焚烧装置。

20. 中国垃圾焚烧发电的发展现状如何？

（1）中国第一座垃圾焚烧电厂

1985年，中国第一座垃圾焚烧发电厂在深圳清水河区域开建，技术主要来自日本三菱重工，1988年该厂正式投入运行。后来，深圳逐渐成为中国垃圾焚烧发电行业领军企业的汇聚地——光大国际、绿色动力和深圳能源都是代表性企业。

（2）焚烧技术的发展

中国生活垃圾焚烧技术起步晚，但发展迅速。2000年以前，中国垃圾发电关键设备依靠进口，仅配套设备实现了国产化。中国最早的垃圾焚烧厂普遍采用从发达国家引进的炉排焚烧技术，但实际运行时遇到很大的问题，因为当时垃圾分类做得不好，而那些最容易燃烧的垃圾，如纸、木头和塑料大都被分拣出去，同时混杂大量湿垃圾，造成锅炉很难稳定运行。

在克服这些实际障碍的同时，中国自主的垃圾焚烧发电技术不断发展。2000年以后，中国已基本开发了适合国情的垃圾发电核心设备，仅少量设备依赖进口。

目前，中国垃圾焚烧发电装机规模及发电量均居世界第一。2019年，全球最大的垃圾焚烧发电厂二期项目在上海投运，每天可焚烧处理6 000吨垃圾。2020年7月，光大国际国产首台

1 000 吨 / 日炉排下线，也是世界容量最大的焚烧炉排，标志着国内垃圾焚烧设备制造技术达到世界一流水平。

（3）蓝色焚烧倡议和信息公开

2014 年，中国垃圾焚烧行业的十家企业联合发起蓝色焚烧倡议："垃圾焚烧产业本质目标是为公众服务，为公众创造良好生活环境。老百姓期待的是一个清洁的、高标准的、无害的，甚至提升公众环境质量的市政公用设施，作为垃圾焚烧行业的优秀企业，我们应当为百姓谋福祉，把公众的梦想作为行业的梦想。坚持高标准，追求近零排放，保证员工的身心健康，实现焚烧信息和厂区运营的全公开，与民众良性沟通，给公众安心、放心和信心。"

近年来，中国政府日益重视垃圾焚烧企业的信息公开。自 2020 年 1 月 2 日起，中华人民共和国生态环境部向社会公开全国焚烧厂颗粒物、二氧化硫、氮氧化物、氯化氢、一氧化碳等 5 项常规大气污染物和焚烧炉炉膛温度的自动监测数据。截至 2020 年 11 月底，中国已有 482 家焚烧厂通过中华人民共和国生态环境部建立的统一平台向社会主动公开自动监测数据。

第**6**章
垃圾填埋

　　垃圾填埋是人类使用最久、最广泛的垃圾处理技术之一，是处理城市生活垃圾最普遍的一种方法。简单来说，垃圾填埋是将固体废弃物铺成有一定厚度的薄层并压实后，在表面上覆盖材料作为封盖的垃圾处理方法。垃圾填埋包括卫生填埋和安全填埋，卫生填埋一般用于处理城市生活垃圾，安全填埋则用于处理危险和有害垃圾。安全填埋由卫生填埋发展而来，对填埋场的建造和处理技术有着更高的要求。我们接下来要讲的主要是卫生填埋。

1. 垃圾填埋场处理垃圾的原理是什么？

　　为什么把垃圾埋在地下就算是处理垃圾了？难道是因为眼不见为净吗？最初，人们把垃圾埋到地下可能是为了眼不见心不烦，也为了躲避垃圾的恶臭。但是，在经过不断地探索和改进后，垃圾填埋已经发展为成熟的垃圾处理技术，人们后来也用科学的方法证明了把垃圾埋到地下，是真的可以处理垃圾的。

　　垃圾填埋的基本原理是微生物在特定条件下对有机物进行降解。生物降解我们已经在生态循环、堆肥和生产沼气中提过很多次了，可见生物降解对处理垃圾多么重要。

　　垃圾填埋的生物降解主要分成两步：第一步是好氧微生物在空气充足的情况下进行的好氧降解，第二步是厌氧微生物在缺氧的情况下进行的厌氧降解。降解有两步的原因也很好理解：当垃圾刚被埋到地下时，地下的空气还比较充足，这个时候比较利于好氧微生物结合氧气"吃掉"垃圾中的有机物，同时释放出二氧化碳、水、分解后的有机物、无机物等物质和一部分热量，这个过程就是好氧降解。但是，随着时间的推移，这部分地下空间的氧气会随着垃圾的降解被好氧微生物大量消耗，较低的氧气浓度不再适合好氧微生物进行工作。而后厌氧微生物会变得活跃起来，接手有机物的分解工作，开始厌氧降解。厌氧微生物在"吃掉"垃圾的同时，会释放出以甲烷和二氧化碳为主的混合气体，也就是沼气，同时也会产生被分解的有机物和分解后的无机物。

在生物降解过程中，垃圾填埋还会产生一些液体。垃圾中的有机物和分解后产生的复杂有机物是这些液体的原料，多种微生物通过水解、酸化、发酵等多个化学反应产生这些液体，工程上把这些液体一般称为渗出水或渗滤液。由于渗滤液中可能含有大量污染物质，并且某些降解阶段中的渗滤液酸性很高，直接排放到环境中会造成严重的土壤污染和水污染，因此渗滤液要经过收集和处理，不可以直接排放到环境中。这也是为什么早期的垃圾填埋和垃圾堆放会侵蚀土地、让土地无法再用来种植作物的主要原因之一。

垃圾填埋所需的生物降解的整体时间很长，一些垃圾填埋场要设计100年以上的使用寿命。由于地下空间的有限性，第一步好氧降解的时间一般较短，通常在氧气耗完后就会逐渐转到厌氧降解。因此，有些好氧降解过程甚至在填埋完成一年后就结束了。但是，厌氧分解过程会持续很长的时间，有些难以分解的物质还需要上百年的时间才能被分解。有些物质甚至不能被降解。比如，塑料制品即使暴露在阳光下也很难降解，塑料袋需要10~100年，尿布大概需要250年，牙刷需要500年，烟头可能要1 000年。不幸的是，被埋在垃圾填埋场后，这些塑料制品见不到一缕阳光，几乎永远不会被分解。所以，在漫长的时间中，垃圾填埋场占用的土地是比较难以进行利用的。

总的来说，垃圾填埋的基本原理是微生物降解。在微生物降解的整个过程中，垃圾填埋场中会产生渗滤液并且释放一部分气体，所以垃圾填埋场在处理固体垃圾的同时，也要考虑如何处理降解产生的渗滤液和气体，避免因为处理垃圾而造成环境污染，以免适得其反。

2. 垃圾填埋场是怎么建造的?

现代的生活垃圾填埋，已经不仅仅是简单地将垃圾埋到地下了。经过前面的介绍，我们已经知道垃圾与环境直接接触会对环境造成很大的污染。因此，现在进行垃圾填埋场的修建时，不仅要考虑到垃圾能否便捷地送到填埋场中进行处理，更重要的则要考虑垃圾填埋会不会对周边的环境产生污染，也要避免垃圾场对周边居民的生活和健康产生威胁。

和垃圾焚烧厂可以建在居民区不同，垃圾填埋场一般要选在离居民区稍远、但可以方便运输垃圾的地方建造。这是为了减少填埋场运行期间对周边居民的影响，同时也为了避免填埋场建好后万一发生环境污染对周边环境的影响。当然，填埋场最好还是要选择交通较为方便的地方，方便垃圾车进出。如果有适宜的天然填埋场地能被利用起来，比如天然的巨坑、山谷、沟壑或废弃的矿坑等，是非常节省成本的，这样就大大免去了人工挖坑的工作量。另外，如果填埋场的位置离江河湖海等水体比较近，一定要做好防水的工作，避免填埋场渗水，或者渗滤液进入水体中。

为了防止垃圾及渗滤液直接接触土壤，现代的垃圾填埋场的建设会在土壤与垃圾之间增加多层衬里和防护结构来防止污染。比如，在垃圾填埋场的底面上，会覆有多层衬里隔绝土壤，也有人工排水层来收集并排出渗滤液。为了防止垃圾被微生物降解时，衬里也同时被微生物"吃掉"，现在的填埋场会用无纺布、聚乙烯薄片等材料制作多层衬里，并在垃圾填埋前覆盖一层土，尽量防止微生物腐蚀衬里或污染外泄。类似地，在垃圾被填埋后，要在垃圾的最上层进行封盖的操作，封盖通常也有很多层，由不同的材料构成。所以，现在的垃圾填埋场一般是密封式的结构。但是，垃圾降解过程中产生的大量气体在密封条件下可能会"冲开"填埋场，可燃气体在高压下还可能会引起爆炸。因此，在填埋场的建造中，现在还要加装通气管道，引出垃圾降解所产生的气体，防止爆炸的产生。

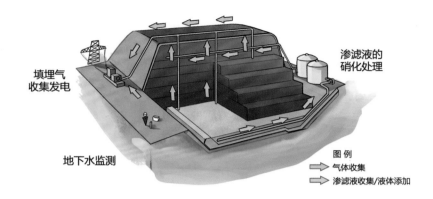

总之，垃圾填埋场的建造早已不是简单挖个坑就能完成的事情，现代的垃圾填埋场往往还需要建设配套的污水处理设施和气体处理设备。由于城市周边适宜建设垃圾填埋场的土地越来越少，我们的土地资源也愈发珍贵，垃圾填埋场的建设也越来越谨慎，因此，近些年生活垃圾的处理也越来越多地从卫生填埋转向其他的处理方式了。

3. 垃圾填埋场是如何管理的？

在垃圾填埋场开始投入使用的时候，就需要对填埋场进行管理了。当然，这种管理涉及方方面面，比如要管理每天有多少辆进场垃圾运输车进入填埋场，填埋场每天可以接收多少垃圾，这些垃圾在填埋前应该放在哪里，垃圾在进行填埋前是否还需要进行压缩以缩小垃圾的体积、节省填埋空间，是否要将大块的垃圾破碎成小块后再进行填埋，等等。

通常一个填埋场可能会设计数个填埋坑，当填埋坑被填满后，就可以进行封盖了。一批垃圾进场后，可能会经过分拣、消毒、压缩等工序，然后会统一放进一个已经铺好防渗衬层和管道的填埋坑中。当填埋坑没有被填满的时候，工作人员可能需要对已经放入坑中的垃圾进行临时遮盖，起到防止大量雨水渗入垃圾中、掩盖垃圾的恶臭等作用。有些填埋场可能有好几个大型填埋坑，整个填埋场的设计使用寿命可以达到 50 年之久。在这 50 年中，可能有些垃圾坑头两年就被填满了，有的垃圾坑可能在第十五年才启用。因此，垃圾填埋场的不同垃圾坑的填满时间、封盖时间可能是不同的。

要达到预期的使用寿命并防止垃圾填埋场污染环境，合理的管理必不可少。一般来说，填埋场的设计使用寿命可以有几年，甚至几十年之久，也就是说这个填埋场在这些年内都要持续地接收垃圾。但现实是，现在垃圾的增长速度过快，导致很多填埋场达不到预期的使用寿命。比如中国最大的垃圾填埋场——西安市江沟村垃圾填埋场——曾经是亚洲最大的垃圾填埋场，占地超过 66 公顷，差不多有 100 个足球场那么大，最高单日处理量高达 14 000 吨，高峰期垃圾堆积最高处有近 150 米，是西安市地标建筑鼓楼的近 5 倍！它的设计使用寿命本来是 50 年，但用了 25 年就基本填满了，最后不得不于 2020 年停止接收垃圾并关闭封场。

另外，和一般人印象中的"填埋完垃圾后就可以不用管垃圾填埋场了"不同，现代化的垃圾填埋场即便是全部完成填埋后，还是需要进行严格管理的。从前面的介绍中我们已经知道，垃圾填埋作为一种处理固体废弃物的手段，还会产生污染性的液体和可能会导致爆炸的气体。因此，即便是已经被填满的填埋场，在至少 30 年内，依旧需要有工作人员进行管理。他们不仅要负责对废弃物进行处理，也要监测填埋场的废物处理情况，尽量避免填埋场产生环境污染。

4. 垃圾填埋场的关闭需要注意什么？

讲了这么多，大家可能也注意到了，垃圾填埋场不是想关就关，关完就一切都结束了的。没错，垃圾填埋场虽然建起来简单、操作运作的时候也不复杂，但是垃圾填埋场的关闭却着实要再多下一些功夫，甚至还是一门学问。

以瑞典为例，在 2000 年以后的 20 年里，依照欧盟的政策要求，瑞典有数百个垃圾填埋场停止使用并被关闭。现在，瑞典关闭垃圾填埋场有非常完整的流程和策略。然而，关闭填埋场也需要时间。在关闭前，要确保填埋场的上下密封、顶层保护封盖、地质屏障、防水性能、坚固程度等设施结构都满足要求，保证填埋场在未来不影响环境。然后，覆盖垃圾填埋场的表面需要花很多年的时间，这个过程中可能用到很多材料，比如水泥、粘土、煤灰等。封盖的最上层还可能种上植物，让填埋场变得美观一些。最后，填埋场关闭后还有至少 30 年的监测期，之后才可以考虑是否可以将填埋场这片区域再次进行一些简单利用。下面的示意图即为封盖的构成。

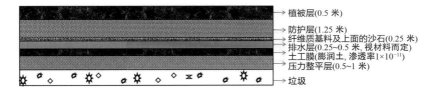

➤ 植被层(0.5 米)
➤ 防护层(1.25 米)
➤ 纤维质基料及上面的沙石(0.25 米)
➤ 排水层(0.25~0.5 米，视材料而定)
➤ 土工膜(膨润土，渗透率 1×10^{-11})
➤ 压力整平层(0.5~1 米)
➤ 垃圾

　　左图即为已经封场的垃圾填埋场。封场的垃圾填埋场可以变成开放的绿地或者公园，但是不能建造大型建筑物，因为建筑和大型施工可能会破坏垃圾填埋场的覆盖层，造成污染。

　　总之，关闭垃圾填埋场不是说关就关了，而是一个需要很多流程的漫长工作。而且，垃圾填埋场关闭以后 50 年内也很难再次利用。漫长的时间才是垃圾填埋场的解药。

5. 世界各国应用垃圾填埋的现状如何？

　　根据美国环保署的统计，2018 年全球城市固体废弃物总量达到 2.92 亿吨，平均每人每天产生 2.22 千克的固体废弃物。在产生的城市固体废弃物中，仅有约 6 900 万吨被回收再利用；近 3 500 万吨，约 11.8% 的垃圾被焚烧处置。超过 50% 的城市生活垃圾被填埋处置，每年填埋的垃圾量超过 1.46 亿吨。

　　研究表明，1960—2018 年，在全球范围内，尽管回收和焚烧的比例在逐年增加，全球的垃圾填埋量仍然在逐年上升，并且仍是占比最大的垃圾处理方式。

　　在 2018 年，全球填埋的 1.46 亿吨的城市固体废弃物中，食物构成了最大的组成部分约占 24%，塑料制品约占 18%，纸质产品约占 12%，橡胶、皮革和纺织品占 11% 以上。其他材料例如木材、玻璃制品占比均小于 10%。

　　我们可以发现在被填埋的这些城市固体废弃物中，大部分废弃物都是可以通过回收再利用或者通过焚烧的方式变成能源回用到城市系统中。为什么尽管垃圾填埋被公认为最"不环保""不提倡"的垃圾处理方式，垃圾填埋的比例还如此之高呢？

　　世界经济发展水平的不平衡，也体现在环境管理与垃圾处理方式上。世界范围内，垃圾填埋比例也极度不平衡。在发达国家，美国和澳大利亚把填埋作为最常规和优先的生活垃圾处理方式。在中国，虽然生活垃圾的焚烧和回收比例在逐年升高，但填埋也依旧是一种垃圾处理的主要方式。不过，为了更好地解决垃圾问题，中国也出台了越来越多的措施。比如，从 2021 年起，中国正式禁止"洋垃圾"入境，固体废弃物管理制度的改革也圆满收官。

　　近年来，欧洲国家在垃圾阶梯管理、减少垃圾填埋方面取得了长足进步。2010—2016 年，欧盟 28 个成员国，以及冰岛、挪威和塞尔维亚，通过填埋处置的废物比例从 29% 降至 25%。填埋处理的家庭生活废物和其他废物的比例分别下降了 47.2% 和 19%。2008—2017 年，城市垃圾填埋率下降了 43%，垃圾焚烧产能的比例增加了 72.1%，垃圾回收再利用的比例增加了 22.5%，堆肥和消化的比例增加了 18.6%。

根据欧盟垃圾掩埋指令，到 2035 年，应将通过垃圾掩埋处理的城市垃圾的比例减少到占城市垃圾总量的 10% 或更少。

在垃圾管理和处理方式上，欧洲国家走在了世界的前列。欧盟国家的垃圾填埋率约为 23.3%。而北欧国家的固体废弃物管理在欧盟国家中名列前茅。在瑞典、丹麦和芬兰，每年的垃圾填埋率不到 1%，挪威的垃圾填埋率也小于 5%。几乎全部产生的城市生活垃圾都能以不同的方式进行资源化利用，这也是我们一直以来所追求的目标。北欧四国与欧盟的四种主要垃圾处理方式占比如下所示：

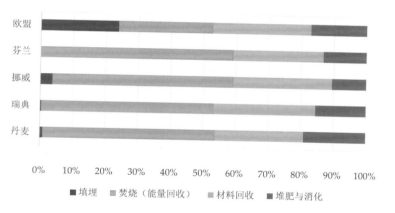

然而，在许多低收入国家，90% 以上的垃圾被公开倾倒和焚烧，严重威胁着贫困人口和弱势群体的健康。垃圾堆塌方导致居民住宅被淹没的情况时有发生，垃圾堆产生的垃圾渗滤液肆意泛滥，导致下水管道阻塞，严重影响当地的经济发展和居民的生存环境。

另外，全世界的垃圾填埋场居然超过了 100 万！以北京为例，其周边的垃圾填埋场数量超过 400 个。2010 年王久良导演的纪录片《垃圾围城》呈现了当时垃圾包围北京的态势，曾轰动一时。

固体废弃物管理是全球每个国家的事，也是每一位地球公民的事，每一个人都没有办法置身事外。全球每年垃圾产生量都在持续增长，垃圾填埋虽然处在垃圾处理方式的末端阶梯，然而垃圾填埋仍然普遍存在地球的每一个角落，尤其在不发达地区尤为突出，严重影响区域发展与经济增长。减少垃圾填埋比例，推动垃圾无害化管理，仍然任重而道远。

随着中国经济和城市化的快速发展，城市生活垃圾产量也与日俱增。相信大家对"垃圾围城"这个词都不陌生，我们在新闻报道中也常看到由于垃圾填埋，侵占了城市生活空间，导致人们生活在被垃圾填埋场包围的城市中。"垃圾围城"这个词的出现，也代表着我们开始意识到垃圾填埋所导致的严重问题。

中国生活垃圾清运量的不断攀升，也为垃圾处理带来了新的挑战。近年来，中国的垃圾无害化处理量不断攀升，2019年垃圾无害化处理率达到99.2%。垃圾填埋的比率也在逐渐下降。随着2018年中国垃圾分类工作，无废城市建设工作的大规模开展，垃圾分类、资源化利用正成为当今中国生活垃圾处理的主流方式。垃圾焚烧与能源利用正在逐步取代垃圾填埋，成为垃圾处理的主流方式。中国也用实际行动，向着固废管理的高级阶梯稳步迈进。

6. 垃圾填埋有什么缺点？

虽然垃圾填埋有着悠久的历史，但是使用填埋作为现代垃圾的处理方法有很多缺点，所以逐步被更好的方法取代。垃圾填埋的缺点可以主要归为环境影响和社会影响两大类，影响又可以从时间上分为短期和长期两种。

（1）环境影响

垃圾填埋的环境影响主要分为使用中和封场后两方面，也就是包含短期影响和长期影响。在建设并使用垃圾填埋场的过程中，可能产生的短期环境影响有：

○ **垃圾飞散**

在垃圾填埋的操作过程中，难免暴露在空气中，垃圾可能会被风吹走，造成固体垃圾扩散的情况。刮风也可能使填埋场周围裸露的土壤产生浮尘扬沙，造成大气污染。

○ **散发恶臭**

垃圾填埋场一直因其臭气为人所诟病。具有臭鸡蛋气味的硫化氢气体是垃圾填埋场恶臭污染的罪魁之一，生物降解部分有机物就会产生这种臭气。我国颁布的《恶臭污染物排放标准》中规定了 8 种需要控制的恶臭污染物，硫化氢也位列其中。

"久入鲍鱼之肆不闻其臭，久入芝兰之室不闻其香"，不同的人对恶臭的敏感程度是不同的。嗅阈值是人能闻到臭味时恶臭污染物的最低浓度，但硫化氢的嗅阈值非常低，为 0.0005ppm，也就是说 1 立方米空气中有万分之五毫升硫化氢，就可能闻到臭味。所以填埋场周边居民很容易闻到臭气，垃圾填埋场的恶臭问题也非常难治理。在垃圾分类没有做好的情况下，大量的厨余垃圾和有机垃圾进入填埋场，恶臭可能更为明显。

○ **导致水污染**

在填埋坑封盖前，雨水或流经填埋场的水流可能会浸湿垃圾，造成水污染。水污染可能会随水流流出填埋场，扩散到更多水体中。

○ **噪声污染**

垃圾车进进出出、施工车辆堆填垃圾会产生噪声，造成区域内的噪声污染。

○ **吸引周边的动物食用垃圾**

垃圾在填埋过程中，可能会吸引周边的鸟类、老鼠、害虫等动物食用垃圾，为动物的健康带来隐患，也可能使垃圾随着动物扩散到环境中或让垃圾中的物质随之进入食物链，为生态环境和卫生健康带来风险。

在填埋场全部空间被填满、完成所有封盖并封场后，它还会带来长期的环境影响，比如：

○ **"三废"泄露导致污染**

"三废"指的是废气、废水、废渣，垃圾填埋中产生的这"三废"均需要进行管理。如果管理或处理"三废"有问题，可能会导致它们直接排放到环境中，例如多层衬层破损可能导致垃圾直接接触土壤、排水管破裂导致渗滤液排放到环境中、通气管道阻塞导致气体积压引起爆炸等。

一般来说，只要建造合格、管理合规、监测合理，垃圾填埋场不会出现"三废"泄露的问题。不过，举个简单的例子，地震对于垃圾填埋场来说是非常危险的一种自然灾害，填埋场在建设的时候也要满足一定的抗震能力。但是，如果地震十分剧烈、高于填埋场的抗震能力，那么地震可能就会导致填埋场的结构遭到破坏，污染物可能会泄漏到环境中，造成严重的污染。

○ **长期侵占土地**

由于垃圾填埋场的占地面积一般较大，对于土质结构又有一定的要求，所以侵占土地、消耗土地资源是填埋场最大的问题之一。并且，这种土地占用还是长期的，可能在近百年的时间内，这块土地不能再用来耕种或盖楼。

○ **难以修复**

不管是已经结束使命的垃圾填埋场，还是引起污染的垃圾填埋场的周边环境都非常难以修复。将填埋场占用的区域重新变得可以利用，是需要很高的成本和技术去支持的。

○ **管理时间长**

垃圾填埋场在封场以后，仍然需要进行长期管理。在瑞典，这类管理至少要持续30年。长期管理涉及的经济成本、人员调动、管理质量和工作的可持续性都是填埋场所面临的问题，任何一个环节出纰漏都可能会造成环境污染隐患，让填埋工作功亏一篑。

无论是短期影响还是长期影响，垃圾填埋场给环境带来的隐患都是难以逆转的。因此，近年来，越来越多的地方开始放弃垃圾填埋，转而选择对环境影响更小、更能创造价值的垃圾处理方式了。

（2）社会影响

垃圾填埋场还会造成一定的社会影响。与垃圾焚烧厂类似，垃圾填埋场也会造成一定的"邻避效应"，也就是没有人愿意让垃圾场建在离自己家近的地方。虽然垃圾填埋场在选址的时候，一般要尽量远离人多的地方，但法律规定填埋场建设在居住区 500 米以外的地方就合规，因此有些填埋场可能建在了一些民居村落附近，会使得周边居民心生反感。而且，随着城市的扩张，越来越多的郊区也变成了城市。比如，北京城最初指的就是二环以里、城门以内，中华人民共和国成立后有一些垃圾填埋场就建在了现在三环到四环的区域。但随着北京的发展，这些区域都逐渐变成了城市，但不少垃圾填埋场也还在运行中。现在北京五环甚至很多六环地区都是城市区域，所以北京城内也有一些垃圾填埋场。

周边居民反感垃圾填埋场的原因也比较好理解，一是因为垃圾会散发臭气，二是担心垃圾问题会带来环境卫生隐患，三是觉得填埋场不美观，四是占地面积大又利用不起来。在中国，进入垃圾填埋场的垃圾含水量较高，有些填埋场中的垃圾会散发恶臭，臭气或许会弥散到几千米之外。住户担心环境卫生隐患，也是因为担心填埋场在使用和建造中，可能因某些原因导致"三废"泄露，影响到自己的生活，或是垃圾场会招来老鼠害虫把细菌病毒带到周边区域。另外，传统的垃圾填埋场可能在接收垃圾的过程中很不美观，封盖后也不会进行美化，影响市容市貌。同时，周边居民每次路过这块"死地"周围可能都需要绕着走，对他们来说，只会造成生活的长期不便，没有什么实际用处。

总之，种种缺点导致生活垃圾填埋正在逐渐退出现代社会垃圾处理的主舞台，并且慢慢由其他更有优势的方法替代。

7. 为什么我们还要使用垃圾填埋技术？

既然垃圾填埋有这么多的问题，为什么我们还要继续使用这种技术呢？这是因为垃圾填埋场还有一些优势，我们也无法立马放弃这种垃圾处理方式。

垃圾填埋具有一些特定的优势，这些优势尤其是对经济不发达地区依然有很高的吸引力。

○ **投资少、运营费用低**

与其他垃圾处理方法相比，垃圾填埋场的建设和运营相对便宜，投入的资金较低。

○ **操作简单**

垃圾填埋场所需要的设备、工艺、操作都相对简单，技术不发达的地区也易于应用。

○ **处理量大**

垃圾填埋可以填埋或储存很多垃圾，垃圾处理量比较大。

○ **解决垃圾堆放的问题**

虽然垃圾填埋有诸多的问题，但这种方法可以替代露天垃圾堆放，解决垃圾堆放带来的环境卫生问题。

从上面列出的优势中我们不难发现，垃圾填埋这种方法最大的优势其实就是便宜、简单、能解决垃圾问题，这对经济不发达地区而言的确是一种优先考虑的解决方法。

8. 垃圾填埋还能创造资源吗？

（1）垃圾填埋气转化成沼气资源

我们已经知道，垃圾填埋产生的甲烷和二氧化碳的混合气就是沼气的一种。既然是沼气，垃圾填埋产生的气体就能被利用起来。以前的填埋场多数采用的是被动导出垃圾填埋气的方式，也就是填埋气达到一定量后，由于气压升高，气体会把自己通过管道"压出去"。但是被动采集气体的方式不可控因素较多，所以现在一些填埋场采用的是主动收集气体的系统，更加便于操控。

收集到的垃圾填埋气可以作为能源进行使用。现代化的垃圾填埋场可以利用这些气体发电产热，做到能源的自给自足。如果产生的沼气较多，还可以综合利用起来，把多余的能量以供热或电力的形式提供给周边地区，这样既利用了废物又做到了环保。如果周边地区使用垃圾填埋气提供的能量的话，价格可能会低于化石能源产热发电的售价，这样可以鼓励更多的居民使用可再生能源，也让民众减轻对填埋场的反感，提高居民的环保积极性。现在美国有很多垃圾填埋场都采用的是这样的方案，以进行垃圾资源化的利用。

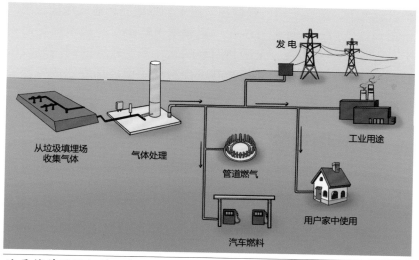

这是简单的垃圾填埋气利用的示意图。填埋气从填埋场通过气体井提取出来，经过脱水和鼓风后进入管网中，一部分气体可以直接输送到住户家中，另一部分气体可以给厂区供热或发电，多余的电力可以通过管线分配到用户家中。

（2）生态修复：修建生态公园

除了进行沼气的回收利用，在垃圾填埋场上修建公园也是近年来对填埋场进行可持续化和资源利用的热门方法之一。在垃圾填埋场封场、被填埋的垃圾状态较为稳定以后，可以进行生态修复。简单来讲，生态修复是借助人工手段促进生态系统的自我恢复能力，让被破坏的生态系统得到恢复。生态修复是一个很大的范畴，包含众多的技术和专业。生态修复方案一般主要应用原位好氧修复技术（即通过增加填埋场内氧气含量加快好氧降解过程）或异位开采修复技术（即将垃圾填埋场内的垃圾挖掘出来以后在其他地点进行处理），整体修复方案可能会涵盖水处理、土质结构修复、土壤修复、土壤改良、种植植物、修复生态景观等方面。

生态修复完成后，可以在垃圾填埋坑最上层的各种衬层和防护设施之上，覆盖土壤，栽种花草树木，将填埋场建成绿地公园，供市民观赏游玩。这种方法在一定程度上解决了垃圾填埋场面积大、占地久、不美观、无法利用等问题，是比较好的利用垃圾填埋场的一种方式。国内外已经有不少封场的填埋场修建成生态公园了。

9. 世界各地有哪些生态公园？

（1）哈格比生态公园（Hagby Ekopark）

哈格比生态公园原本是瑞典的一个生活垃圾填埋场。1948—1995年，约有300万吨垃圾在这里被填埋。1978年，这里第一个占地7公顷的垃圾填埋区被填平封顶。从那时起，生态恢复、修建公园的工作就一直在分阶段进行。直到20世纪90年代，所有填埋工作结束后，公园的大部分区域也修建完成。哈格比生态公园里种植了针叶林和落叶树，附带有带池塘的水系、开阔的沟渠和耕地岛屿，旨在将填埋场区恢复成人们曾经借用的自然环境。今天，哈格比生态公园欢迎游客进入这个休闲区，游客可以遛狗、慢跑、在户外健身房锻炼、观赏动物和自然，一些由回收材料特别制作的作品也被作为装饰摆放在公园内。

　　园内的步道附近还摆放着一些信息标牌。这些信息标牌介绍了哈格比生态公园的历史、有关垃圾填埋的信息、垃圾填埋气如何进行利用等科普知识。此外，园区中所有的工具和家具均由回收而来的材料制成。

　　哈格比生态公园的渗滤液依靠公园的水系进行处理。垃圾填埋场产生的渗滤液会被收集起来，先送到在生态公园的污水处理厂进行处理。完整的污水处理设施由多个池塘、小瀑布、溪流、湿地和溢流区组成。整个水净化系统是模仿自然生态系统设计的，并利用细菌生长来净化污水中的氮和耗氧物质。为了监测和优化处理厂的效率、确保排放到自然环境中的水保持良好的质量，监测人员每月至少会到公园采集一次水样。

　　不过，由于瑞典垃圾填埋量逐年降低，新建垃圾填埋场的数量也逐年减少了，很多的垃圾填埋场在这 20 年中被关闭。依照瑞典现在的政策，很多已经被关闭封场的垃圾场很多还在处于 30 年的监测期中，在此期间这些区域不能被开发利用。不过，一些填埋场计划在未来被改造成公共绿地、公园、高尔夫球场或其他设施，向公众开放。

（2）东京梦之岛

　　梦之岛位于东京江东区，公园用地曾经是江东区的垃圾填埋场。梦之岛所在的垃圾填埋场从 1957 年启用，1961 年曾发生大火，过

火面积达到填埋场总面积的 40%。在 1965 年，这片填埋场就因垃圾过多、苍蝇成群，严重影响周边居民的生活，政府不得不进行"梦之岛焦土作战"，大量焚烧梦之岛的垃圾。这片不堪重负的垃圾填埋场在 1967 结束了垃圾填埋的使命，随后被规划为公园用地，进行修复和整备。

1978 年，梦之岛公园向公众开放。这座建在垃圾填埋场上的公园拥有大片的绿地，种植了很多花草树木，还建了一座热带植物园。梦之岛从垃圾岛变身成了绿色之岛，这么大的绿地公园，在寸土寸金的东京可以说是十分少见了。同时，梦之岛公园还建有体育场、体育馆、展览馆和观光港口等设施。随着周边交通设施的竣工，梦之岛逐渐成为东京的人气景点。现在，梦之岛依然是东京市民观赏樱花、散步休闲的好去处，也吸引着各国游客慕名而来。

（3）北京园博园

北京园博园位于北京市丰台区永定河西岸，占地面积约为 267 万平方米。这座园博园的所在区域在 20 世纪八九十年代曾经是采砂场，沙子被大量挖走后，这里有一半多的区域后来变成了大沙坑，之后又被用作建筑垃圾填埋场。在北京申办国际园林博览会前夕，这块土地可以说是堆放着建筑垃圾的荒郊野岭，有些区域甚至寸草不生。

2009 年，北京园博会申办成功，这里决定被改造成园博园，计划将大沙坑治理修建成下沉式的山谷。工程师和设计师们以著名的加拿大查特花园为参考（对废弃的采石场进行生态修复），对填埋场进行填土、土体工程修复、土壤改良、植物种植、本地动物放养等生态修复工程。为了让园区变得既美观又环保，工程师们还就近取材，利用填埋场及周边地区的废弃物修建园区，在园区内采用雨水收集及水循环利用技术，对植物进行灌溉，进行各种园林造景，并且通过微缩还原"燕京八景"的形式为园区增加文化内涵。

2013 年 9 月，北京园博园开门迎客，曾经的建筑垃圾填埋场摇身一变,成了锦绣谷,这是园博园面积最大的陆上景点,也是园博园的两个主要景点之一。锦绣谷种植了 400 多种花卉植物,这里一年四季会呈现出不同的景观,总能让游人大饱眼福,吸引着众多市民和游客前来观光游玩。

(4)武汉园博园

武汉园博园占地面积约为 200 万平方米,相当于 299 个标准足球场的大小,其中约有五分之一的面积曾经是武汉金口垃圾填埋场。这座垃圾填埋场于 1999 年左右开始投入使用,是当时亚洲最大的单体垃圾填埋场。然而,这座填埋场仅仅用了五六年,就因为污染问题让周边居民苦不堪言,结果在 2005 年提前"退役"了。虽然填埋场不再接收垃圾并进行了封场,但是金口垃圾填埋场还在对周边环境持续造成污染。

2012 年,武汉市申办国际园林博览会时,决定将金口垃圾填埋场作为园博园的建设地点,并对这块土地进行生态修复。武汉市为此投入了近 2 亿元,综合利用了多项治理技术,并使用了世界最先进的好氧生态修复技术。好氧生态修复技术会把氧气注入垃圾填埋场内,加速场内垃圾降解的过程,将需要可能 30 年的自然降解过程缩短至 1~2 年。经过三年的修复,到 2015 年,金口垃圾填埋场这块地成功地达到了预期目标,变身成为拥有花草树木的绿地,成为武汉园博园的一部分向市民开放。同年,这个垃圾填埋场的生态修复项目也在巴黎获得了"C40 城市气候领袖奖",代表着国际社会对武汉生态环境工程的认可。

(5)台湾内湖复育园区

台湾内湖复育园区建立在大火曾经烧过的葫洲里垃圾场上。葫洲里垃圾场原是台湾基隆河边一处垃圾填埋场,于 1970 年启用。当时这座垃圾场设在天然洼地上,结果洼地在被垃圾填满后,一部

分填埋区没有封盖，而是不断地往上堆积垃圾。结果，洼地变平地，平地变丘陵，丘陵变成山，最终散发恶臭、并屡次因为沼气自燃产生大火。1985年，台北市决定停用葫洲里垃圾场并进行封场。封场后，垃圾山上覆盖着青草，周边的卫生状况得到改善。

到了2006年，台北市决定开始清理垃圾山，将垃圾山铲平。经过8年多的努力，拥有300多万立方米垃圾的山包被挖去了200多万立方米，挖走的垃圾可以装满10万多辆大货车。被挖走的垃圾分成了可回收物、可燃垃圾、有毒有害垃圾和废土，分别运到别处进行处理，这里主要用到的就是异位开采修复技术。垃圾场剩余的部分保留下来，进行处理和封盖后种植花草树木，建设景观广场。著名环保人士简·古多尔（Jane Goodall）还曾参观重建中的园区，并为公园捐赠了1 600棵本土植物幼苗及雕塑。

2015年6月，台湾内湖复育园区终于修复重建完毕，向市民开放。园区设置有复育林区、游憩区、高滩地、阳光草坪、活动广场、景观广场及观景台等休憩设施，还提供了健身步道和自行车道。这里视野开阔、风景优美，可以眺望台北市区的景色，成为市民休闲的好去处。垃圾场彻底被"埋"入了历史。

10. 垃圾围城该怎么解决？

说到垃圾围城，大家可能在新闻里会听到某地要"解决垃圾围城的困境"的报道。那么，什么是垃圾围城呢？垃圾围城会带来什么样的问题呢？我们又该如何解决呢？

其实垃圾围城并没有一个确切的定义，大致来说，这是老百姓对于城市周边有很多垃圾堆、垃圾山、垃圾填埋场的一种通俗描述。前些年，由于中国经济飞速发展，人们的物质生活水平得到了极大的提高，但是垃圾处理能力却没有同步增速。在这种情况下，中国的各大城市都逐渐出现了垃圾太多、无法全部处理的情况，城内外出现了一些垃圾堆。

后来，为了保证城市的干净整洁，很多垃圾被运到当时的城外或郊区，进行垃圾填埋。考虑到成本、地理位置等因素，城市生活垃圾一般不会被运到离城市太远的地方，于是城市周边就有了大量的垃圾填埋场。但是，垃圾填埋也需要成本和时间进行建设，没有来得及填埋的垃圾就只能暂时堆放。久而久之，城市周边的垃圾填埋场越来越多，有的地方也出现了垃圾堆、垃圾山。从地图上看，城市周围就环绕着大大小小的垃圾填埋场，这种现象就逐渐被大家称为垃圾围城。

垃圾围城会产生的问题就是垃圾填埋场和垃圾堆会产生的问题。比如，垃圾填埋场占地面积大、占地时间长，垃圾堆可能会散发恶臭、产生环境污染、带来安全健康隐患，这些都可能会影响到居民生活和市容市貌等。

除此之外，相对于单一的垃圾填埋场或垃圾堆，垃圾围城还会导致更大的问题。如果继续这样让城市内外的填埋场数量继续增长的话，城市周边的可用土地面积会继续减少，大大降低土地的可利用率。中国的城市还在发展中，城市尤其是各大城市周边的乡镇也在不断加入城镇化的行列，城市周边的土地可以说是非常宝贵的一种资源。举例来说，北京通州区曾经就是远郊区县，最近几年发展得很好，也已经成为北京的城市副中心。但是如果通州区的土地曾经被大量垃圾填埋场占用的话，可能就不适合进行这样的建设，或者需要花费大量的人力物力移除填埋场并进行生态修复。因此，从长远来看，垃圾围城不仅会有潜在的环境污染和公共卫生隐患，还会成为城市发展的障碍。

其实，垃圾围城问题的本质是垃圾处理能力不足的问题。越大的城市，垃圾生产量就越强，面临的垃圾围城的问题就越严重。在20 世纪 80 年代，北京就一度面临垃圾围城的问题，当时在三环外曾有 4000 多座 50 平方米以上的垃圾堆。后来北京市政府斥资 20多亿元，加强垃圾处理能力，最终才攻陷了三环外的垃圾围城。30多年后，垃圾围城如洪水猛兽般卷土重来，2010 年，中国城市生活垃圾累积填埋量 70 多亿吨，占地 5 万多平方米，全国 668 个城市中有 2/3 面临垃圾围城的问题，并且有 1/4 的城市没有合适的土

地堆填垃圾。2017年，统计数据显示中国各个地区的垃圾生产量与人均GDP的相关系数达到了0.83，也就是说城市垃圾生产量与经济发展水平高度相关，所以经济越发达的城市面临的垃圾问题也就越严重。

那么，我们该如何解决垃圾的问题呢？

解决这个问题的方法既简单又复杂。简单的是，只要能提高垃圾处理能力、尽量减少垃圾产生和流向填埋场的垃圾数量，垃圾围城问题就能迎刃而解。复杂的是，想要实现这"简单"的策略，不仅需要政策、资金、技术、管理等各个方面的支持，还需要社会公众的大力配合、减少邻避效应心理的产生。

我们前面讲到的垃圾处理优先等级的五阶段原则，就是很好的解决垃圾围城问题的方式。当源头减量、重复利用、垃圾分类、回收有用材料、把垃圾变成能源每个步骤都做得越来越好时，需要去填埋的垃圾自然就少了。当我们的垃圾处理能力再提高一些时，可以对已经存在的填埋场进行其他方式的垃圾处理，再配合生态修复的技术，辅以将填埋场变成公园的手段，垃圾围城的问题就不攻自破了。

近十年来，中国已经为解决垃圾围城问题付出很多努力了。比如中国开始大力发展垃圾焚烧的处理方式，禁止"洋垃圾"进口，出台"限塑令"，积极探索和应用各类材料回收和能源回收的方式，各大城市逐步开展强制垃圾分类，开始进行无废城市的试点工作等等。可以说，中国已经在解决垃圾围城的路上了。

11. 垃圾填埋有未来吗？

说了这么多，我们不禁要问：垃圾填埋有未来吗？垃圾填埋的未来又可能是什么样的呢？虽然垃圾填埋有诸多问题，我们短期内因为各种原因还是无法放弃这种方法。所以，我们也要尽量让未来的垃圾填埋场变得更加环保，更加绿色。

（1）垃圾填埋场的可持续化和智能化

在设计上，垃圾填埋场未来可以设计得更加可持续化。常规的垃圾填埋场基本被当作永久堆填区，它们的设计原则就是依靠控制系统减量排除水分，以限制生物降解，从而尽量减少渗滤液和垃圾填埋气的产生。但是，这样做有诸多的风险，比如控制系统可能会失效、垃圾填埋气产量不足、填埋场会缓慢地沉降、需要长期的监测等。近几年，有一种新的思路是将垃圾填埋场设计成一种"生物反应器"，即通过控制填埋场内的反应条件（如湿度、温度、酸碱度等），让参与生物降解的微生物更加活跃，人为地促进填埋场内的生物降解过程。这样做的好处是可以在相对较短的时间内让垃圾降解过程稳定化、提高垃圾填埋气的产量、可以更便捷地处理渗滤液、缩短反应时间、避免长期风险和长期监测等，使未来的垃圾填埋变得更加可持续并减少成本消耗。

另外，随着信息技术的发展，很多智能化手段也被利用在垃圾填埋场中。计算机、人工智能、大数据等技术开始为垃圾填埋服务，更多的传感器也安装在填埋场中，实时反馈情况。比如深圳的下坪垃圾填埋场在 2020 年完成了智能化的改造，成为中国第一座现代化垃圾卫生填埋场。这座填埋场在改造后拥有了"智慧大脑"，建立了智能化的监测平台，很多监测任务都实现了自动化的实时传输。这些智能化的手段可以有效地降低垃圾填埋场的潜在风险，减小因垃圾填埋产生环境污染的概率，为未来垃圾填埋场的改造和建设提供了新的思路。

（2）垃圾填埋场的未来

客观地说，垃圾填埋可能是没有未来的。虽然垃圾填埋在未来一段时间内，还是很多地区必要的垃圾处理手段，可是这种方法的资源利用率太低了，还会带来一连串的问题和隐患。本着"垃圾只是放错了地方的资源"的原则，在有更好的垃圾资源化的手段时，我们还是最好不要轻易使用垃圾填埋，相关原因我们在前面也反复讨论过了。

不过，现阶段我们的确还不能彻底放弃垃圾填埋这种处理方式。甚至连瑞典这种垃圾处理做得很好的国家，也还是有极少的生活垃圾被送去填埋了。这是为什么呢？简单地讲，瑞典多数被送去填埋的生活垃圾都只是有害垃圾了，这时采用的就不是卫生填埋的手段了，一般是安全填埋。这是因为我们人类目前的垃圾处理技术还有很多局限性，对一些有害垃圾还没有较好的处理手段，但这些垃圾也不能直接暴露在环境中。因此，我们可以将这些垃圾送去填埋，暂时"封存"起来，等到我们有能力、有技术处理这些垃圾时，再把它们挖出来进行处理。

当然，我们相信，总有一天，我们人类可以开发出更多更好的技术以处理各种垃圾，让生活垃圾不再被填埋，真正实现垃圾零填埋。

第**7**章
城市案例

前面我们已经对垃圾的方方面面进行了介绍，也对无废城市进行讲解。这一部分，我们将对国内外一些在垃圾管理和无废城市方面做得比较突出的城市进行详细的介绍，相信这些优秀的城市案例会给未来各个城市的可持续发展建设带来启发。

1. 斯德哥尔摩：一个不断尝试垃圾管理新技术的瑞典城市

瑞典是世界上资源回收和废物管理领域的先驱国家之一，在过去的50年中，瑞典为改善环境质量付出了巨大的努力。1996年之前，瑞典有超过40%的生活垃圾被填埋，而现在，瑞典几乎已经能做到生活垃圾零填埋，这样的成果离不开瑞典的垃圾管理政策。概括来说，根据瑞典固体废弃物管理优先等级制度，生活垃圾遵循"避免产生、重复利用、材料回收和能源回收"的原则进行管理，实在无处可去的垃圾再进入垃圾填埋场。瑞典关于可持续废物管理的观点得到了各界的支持，包括公众、行业、政府、大学和研究机构等。政府通过征收垃圾收集费、设置垃圾税、建设便民回收站和开展宣传教育活动等措施，以及2002年立法禁止填埋可燃废物、2005年立法禁止填埋有机废物等法律手段，大幅提高生活垃圾回收率。无法回收的废物，在瑞典可以通过生物处理和热处理等手段，以沼气、生物肥料、电力和区域供热的形式进行资源化的利用。由此，瑞典得以成为世界上垃圾管理做得最好的国家。瑞典不少城市都已建成无废城市，正在向建设零碳城市迈进。

斯德哥尔摩（Stockholm）是瑞典的首都，也是一座经济发达、热衷环保的欧洲城市，被评为欧洲第一个"绿色首都"。这里与时俱进，政府和市民都十分乐于尝试最新的垃圾管理方法和技术。因此，在这座城市里漫步的时候，我们不仅能发现不同种类和时期的垃圾管理设施，也能发现还在进行试点的垃圾管理"黑科技"。

（1）废弃物管理措施

在斯德哥尔摩，生活垃圾管理主要遵循生产者责任制，即"谁生产谁负责"。具体地说，这里的干式可回收垃圾则由产品的生产者负责收集处理，包括但不限于报纸和杂志、纸包装、塑料包装、金属包装、透明玻璃、有色玻璃和废弃电子电气设备等，而斯德哥尔摩政府只负责收集生物垃圾（bio-waste，以厨余垃圾为主）和残余垃圾（residual waste，即可燃垃圾）。一般情况下，政府负责联系垃圾清运公司上门收集生物垃圾和残余垃圾，可回收的垃圾则需要住户自行送去指定地点进行回收。斯德哥尔摩采用的各种收集系统都涵盖了所有干式可回收物的收集，常见的垃圾收集点（bring stations）则涵盖了所有干式可回收物的收集，同时城内还有可以收集所有可回收垃圾的市政设施站点，即垃圾回收中心（recycling center）。目前，斯德哥尔摩共有 253 个垃圾收集点和 9 个固定的垃圾回收中心供市民使用。

在"让垃圾回收变得更方便"这件事上，斯德哥尔摩可谓是不遗余力。这里的市民可以参与垃圾回收点的位置设计，以便在离居民区很近的地方设立垃圾收集点，方便居民和垃圾清运公司对干式可回收垃圾进行回收。一般而言，垃圾回收点会设置在距离居民聚集区不超过 2 公里的地方，回收点的位置也会随新建小区的位置和周边居民的人数进行调整。大件垃圾可以使用上门回收服务，一些有害垃圾亦可以在商店或加油站进行回收。近几年，斯德哥尔摩还会在城里设置流动式的回收站，方便居民回收垃圾。

斯德哥尔摩最大的特点是多种先进垃圾收集系统在这个城市的不同区域并存，这座城市也在不断探索和应用新技术。这里的别墅一般采用上门的方式进行垃圾收集（即 door-to-door collection，包括普通垃圾桶和多格垃圾桶收集系统），并配套相应的可回收垃圾的回收点，而公寓一般在小区内使用普通的公共垃圾桶收集厨余垃圾和残余垃圾，多数小区附近会有可回收垃圾的回收点，一些小区也会配有自己的垃圾回收站。同时，斯德哥尔摩的一些社区还会采用真空收集系统、地下垃圾箱或者试点光学分拣系统。可以说，近些年来斯德哥尔摩不断在应用新技术，例如十年前开始使用的地下真空收集系统，近十年开始使用智能垃圾桶和多格垃圾桶，近几年开始在两个区的近 3 000 户家庭中试用光学分拣系统，这些都说明这个城市在垃圾分类和整个垃圾管理战略上是不断创新和进步的。

在斯德哥尔摩的一些别墅区，多格垃圾桶取代了传统垃圾桶，可以更有效率地进行垃圾收集和垃圾清运。多格垃圾桶有特制的垃圾清运车，每次清运可以运走所有种类的垃圾，这样可以让住户少跑几趟垃圾回收点，减轻了市民进行垃圾分类的负担。

下面是斯德哥尔摩一些垃圾收集设施的图片。

　　公共智能垃圾箱在斯德哥尔摩的几个区也得到了应用。这些垃圾桶装有太阳能驱动的软件、移动设备和传感器，在垃圾即将塞满空间的时候向后台实时报告，同时其中一些桶还带有内置的压缩装置来压缩垃圾。普通的公共垃圾箱每天需要清空 1~3 次，但这些智能垃圾箱是由太阳能驱动的，并且得益于实时反馈和压缩功能，所以每周只需要清空 4 次，比原来平均少了 10 次。这意味着配备智能垃圾桶的地区可以大大减少垃圾清运的频率，有效降低成本和垃圾车尾气的排放。

地下垃圾桶和真空收集系统在斯德哥尔摩也有应用。地下垃圾桶的原理是将垃圾桶主体放到地下，以减少地上空间的占用，在清运的时候再将垃圾桶吊装上来。地下垃圾桶的好处是可以在地下建立更大的储存空间，增加垃圾的储存量，降低垃圾清运的频率，并且减少垃圾散发异味的概率。

真空垃圾收集系统我们在前文已经详细介绍过了，简单来说，这种收集系统主要是通过地下真空管道将垃圾从投放处直接运到清运点，也就是垃圾进入管道后会因为压力作用以每小时 70 千米的速度直接被"吸"到终点，这样可以防止垃圾堆积甚至"溢出"垃圾桶，减少垃圾清运车的清运频率，是一种更加高效、快捷的垃圾收集方式。

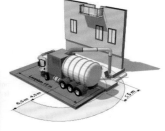

资料来源：恩华特公司。

通过种种措施，斯德哥尔摩的人均垃圾产生量逐年下降，从2007 年的人均近 600 千克下降到 2022 年的人均不到 400 千克。

(2)哈马碧生态城：建设可持续发展的智慧城市

哈马碧（Hammarby）生态城的建设是一个将衰落的工业区重新开发成集住宅、商业和休闲娱乐区为一体的绿色社区的成功案例。20 世纪初，哈马碧还是斯德哥尔摩城郊的一个工业区，并且以破败、污染和不安全著称。现在，这里是斯德哥尔摩最宜人的住宅区之一，也是世界上最成功的城市改造区之一。

20 世纪 90 年代时，哈马碧由于建有摩托车厂、灯泡厂等工业设施，又有近代修建的运河和铁路，这里破破烂烂的，还有不少临时搭建的铁皮建筑，土壤被严重污染，环境问题亟待解决。当时，斯德哥尔摩重新进行了城市规划，并确定了要着重发展几个区域，其中大部分曾经是工业用地。在这样的背景下，哈马碧区也被重新规划了。那时斯德哥尔摩正在申办 2004 年的夏季奥运会，政府打算在哈马碧建一个奥运村。

　　在进行规划时，城区发展的可持续性是哈马碧生态城的主要重点领域之一。因此，在最初的设计阶段，"让城市拥有高度的可持续发展能力"就被纳入整个规划过程，来自斯德哥摩尔政府、城市规划院、开发商、建筑师、景观设计师、生态技术工程师、能源公司、水务公司、环境技术研究院等各个领域的专家仔细研究了有关

水、能源和废物的可持续替代方案，并且详细制定了土壤修复和生态恢复的计划，为哈马碧设计了独特的可持续发展策略和环境解决方案，包括：

- 所有用电均来自可再生资源，利用95%的垃圾提供50%的能源供应；
- 使用真空垃圾收集系统；
- 安装测试新型燃料电池、太阳能电池和太阳能电池板；
- 从处理厂中的废水提取热量，作为区域供暖和制冷中产生的能源；
- 从污水、污泥和厨余垃圾中提取的沼气，作为汽车燃料使用或提供区域供暖；
- 污水、污泥在进行处理后作为肥料使用；
- 焚烧可燃垃圾为区域提供暖气和电力；
- 设计绿色屋顶，帮助收集和净化雨水；
- 让街道上的雨水实现就地净化，避免对污水处理厂造成压力；
- 一些居民楼使用当地生产的沼气为热水器供热或使用太阳能热水器。

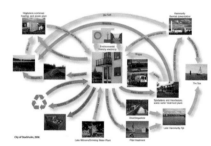

虽然斯德哥尔摩最后放弃了申办 2004 年奥运会，但哈马碧生态城还是如期进行了建设并投入使用，而且已经取得了显著的经济和环境效益，比如：

- 生态城内的所有资源都可循环或再次利用；
- 真空垃圾收集系统让垃圾清运车的出勤频率降低了 80%；
- 环境影响比瑞典典型的 20 世纪 90 年代的地区低 30%~40%；
- 汽车使用量比斯德哥尔摩同类地区低 14%；
- 每人每天用水量为 150 升，而斯德哥尔摩其他地区则为 200 升。

目前，哈马碧生态城有 11 000 套公寓，约有 25 000 名居民居住在这里。在城市规划中，未来这里可能会有 30 000 多名常住居民。由此，原来的老旧工业区成了一个由公共交通连接的集休闲设施、市政服务、商铺门店、公寓住宅和绿色公共空间于一体的新兴生态城。哈马碧模式的独特之处在于它整合了能源、垃圾、水、污水、雨水等各种资源系统，做到了资源利用最大化，将一切可用的资源用到住宅、办公楼和公共空间各种地方，供热、运输和垃圾收集系统可以协同工作，以减少长期维护所需的能源和资源。现在，哈马碧生态城几乎 80% 的通勤都是通过公共交通、骑自行车或步行完成的，大大减少了私家车的使用次数。同时，生态城的公交车、出租车和垃圾车都采用本地废弃物产生的沼气作为原料。这些措施都降低了二氧化碳的排放。可以说，哈马碧生态城是无废城市和低碳城市的典范。

更重要的是，哈马碧生态城不仅实现了治理并改变原来工业区的环境和产业，还被设计为一个可以被其他城市复制的综合基础设施项目。目前，哈马碧生态城已经成为可持续城市规划的国际型标杆项目。每年有成百上千位外国访客来到哈马碧进行交流学习，将哈马碧的设计思路和成功经验带回自己的国家。例如，哈马碧项目就启发了加拿大多伦多的滨水区、英国伦敦的新温布利，以及中国和泰国等许多国家的城市设计。这些新型的城市规划模式也为未来可持续城市的发展提供了无限可能性。

2. 埃斯基尔斯蒂纳: 号称"世界回收利用之都"的瑞典小镇

埃斯基尔斯蒂纳（Eskilstuna）是瑞典的一座人口只有 10 万左右的小镇，但最近几年这个小地方却因其先进的环保理念被西方媒体广泛报道，甚至得到了"世界回收利用之都"的名号。这座小镇曾经是瑞典的钢铁制造基地，在欧洲也一度是"钢铁之都"的有力竞争者。然而，从 20 世纪 70 年代起，欧洲重工业的衰落让埃斯基尔斯蒂纳也熄了火，这里一度成为瑞典失业率"名列前茅"的城镇，本地人也慨叹这里是一个没有新发明的地方。

为了保护环境、发展绿色经济并扭转愈发低迷的经济形势，2012 年以来，埃斯基尔斯蒂纳实施了一系列环保经济举措，力争使其成为瑞典乃至世界上最环保的城镇。如今，这里的公交车和汽车都是用沼气和电力运行的，供电由生物质热电联产厂提供，并且利用发电产生的余热来加热水。

随着近些年瑞典国家层面对环境目标的提高，埃斯基尔斯蒂纳加入了发展无废城市、零碳城市的热潮，于 2010 年引入了光学分拣系统。光学分拣系统在投入使用后几个月内，就帮助当地政府和居民完成了当年 50% 的垃圾分类目标。近几年，光学分拣已经覆盖了埃斯基尔斯蒂纳三分之二以上的人口，成为当地运用最广的垃圾分拣技术。依靠光学分拣，埃斯基尔斯蒂纳每年可分拣处理 18 000 吨垃圾，为提高回收率和回收的高准确率奠定了良好的基础。

在使用初期，埃斯基尔斯蒂纳采用的光学分拣系统可以分拣六种垃圾。这六种垃圾分别是厨余垃圾、塑料包装、纸质包装、纸类垃圾、金属垃圾和其他垃圾。2017 年，埃斯基尔斯蒂纳为光学分拣系统增加了第七种分类——布料。由此，这里也成为瑞典第一个从生活垃圾中可以直接分拣布料的城市。其实，为光学分拣系统增加新的分拣种类的技术难度和成本并不高，原有的垃圾分拣设备和处理工厂进行简单升级后就可以承接处理这个新类别的垃圾。不过，简单的升级却可以达到事半功倍的效果，增加布料作为新的垃圾分拣和处理类别后，更加便于居民进行分类回收，提高居民的回收意愿，也可以提高纺织品的回收率。

现在，埃斯基尔斯蒂纳的光学分拣系统使用的是七种颜色的垃圾袋，分别对应七种生活垃圾，即绿色的厨余垃圾袋、粉色的纺织品垃圾袋、橙色的塑料包装垃圾袋、黄色的纸质包装垃圾袋、蓝色的纸类垃圾袋、棕色的金属垃圾袋和白色的其他垃圾袋。居民在家中将不同种类的垃圾放入不同颜色的袋子中，等袋子装满后封好口，统一丢弃到垃圾桶中等待收集。

资料来源：恩华特公司。

总的来说，在光学分拣系统投入使用后，小镇居民对环保的参与度提高了很多，因为它大大简化了居民进行垃圾分类投放的流程。目前，埃斯基尔斯蒂纳居民对垃圾袋中垃圾的分类准确率已经超过97%。

在环保理念的普及和政策的激励下，埃斯基尔斯蒂纳的居民似乎都成了"垃圾迷"。而且，参加光学分拣计划可以让当地居民每年的家庭垃圾处理费减半，也不失为一种经济激励的手段。然而，对更多当地的年轻人来说，认认真真参与垃圾回收计划已经成为一种道德义务，这也让他们引以为豪。他们希望通过参与精细的垃圾回收流程，让下一代在一个没有被破坏的世界里长大，从绿色的社区走向广阔的世界。

ReTuna 回收商场

ReTuna回收商场是世界上第一家只卖回收再利用商品的商场。这家商场于2015年8月开业，位于埃斯基尔斯蒂纳的一所回收中心旁。ReTuna商场的经营面积占地约2 500平方米（不含仓库和物流中心），共有两层14个店铺，配有咖啡馆和餐厅，日均客流量约为700人。2018年，该商场的再生产品销售额为1 170万瑞典克朗（约合776万元人民币）。这里出售的所有商品都是通过回收再利用等可持续的方式生产的，收集可回收物品的途径主要是通过居民的捐赠。

ReTuna的经营模式是这样的：居民向商场无偿捐赠废旧物品，经由工作人员挑选后，按照品质和用途将它们分类——"待翻新品"基本是稍微有些破旧的物品；"待维修品"是有部分破损的物品；"用于改造的原材料"是将老旧物品拆解后可以再做成其他物品的一类（比如老旧的皮衣被剪裁后可以制作成精美的皮质灯罩）。经过仔细分拣归类后，这些二手物品会被工作人员分派给商场内的各个商户代为处理，通过维修和再造，各类废旧物品在这里被赋予了新的生命，再次上架销售。同时，不适合改造或维修的二手物件，会被捐赠到学校、养老机构等一些有需求的地方。如果不符合捐赠要求，这些物件最终会被送去当地的垃圾处理中心进行处理。如此一来，很多二手物品都能重新被利用起来，而不会直接从垃圾桶里被送到处理中心进行处理。

与一般略显"杂乱"的二手商品店不同，ReTuna 商场干净、整洁、宽敞，且商品种类众多、品牌齐全、分类细致，从许多方面来说，这里都更像一个"常规"的综合性购物中心。ReTuna 售卖的产品包括建材、家具、厨具、家装、花卉及园艺用品、体育用品、儿童用品、图书、电子产品及配件、服饰、鞋包、缝纫用品、艺术品、奢侈品等，相比其他的大商场来说有过之而无不及。ReTuna 商场还对在此出售的产品提供装箱打包服务，对一些临近地区（比如斯德哥尔摩）提供送货上门服务。商场里的一些商铺可以维修顾客带来的废旧物品，让顾客可以带着翻修好的老物件回家，就不用买新的了。

有些商铺会定期开设 DIY 工作坊，教授顾客如何维修或翻新废旧物品，让更多的人有能力对家里的废旧物品亲自进行再造利用，提高废旧物品的利用率。ReTuna 商场还是当地的社会技能学校的实践基地，这里每年会开办为期一年的"回收设计—重复利用"课程，课程费用也很便宜，参与课程的人可以学到如何进行装订、丝网印刷、皮革和皮革缝纫、装修和翻新家具以及刺绣和钩针等各类技能并获得技能证书。另外，一些与环保和回收相关的会议与工作坊也可以在商场里举办。

资料来源：https://www.retuna.se/english。

当地居民也越来越为 ReTuna 商场感到骄傲。最初，ReTuna 的建设资金和启动资金都由政府提供。到了 2018 年，商场首次在没有这种补贴的情况下运营，实现了收支平衡。更重要的是，ReTuna 商场为当地人提供了就业岗位，给他们提供技能学习的机会，也拉动了埃斯基尔斯蒂纳的消费。当地居民已经将这里作为日常消费的场所，附近城镇的居民和斯德哥尔摩的市民也经常会来这里购物。ReTuna 商场声名远扬，来自法国、日本、澳大利亚等国的游客到瑞典旅游时甚至都会专门来这里购物参观。另外，随着经济情况的好转，曾经因为经济问题离开城镇的居民有些又回到了这里。这里也吸引了更多热衷环保的人在此安家落户。

如今，埃斯基尔斯蒂纳镇极少有生活垃圾被填埋，这归功于良好的垃圾分类和光学分拣体系，更离不开 ReTuna 为这里带来的变革。可以说，ReTuna 商场的创立帮这座小镇走出经济衰退的困境，并有可能为这座没落的钢城提供第二次生命。ReTuna 商场振兴了这个小镇，让埃斯基尔斯蒂纳这个曾经的重工业城市变得越来越绿色环保，也将瑞典的环保理念带到世界各地。

3. 布罗斯：瑞典的零废弃城市

在瑞典布罗斯市，垃圾被视为一种宝贵的资源。在这个 10 万人口的瑞典西南部小城，经过当地政府、大学与企业的共同合作，布罗斯市通过减少垃圾填埋、增加材料回收和能源回收的比例，建立了一个可持续的垃圾管理机制，旨在将垃圾转化为沼气、电力和热能等增值产品，形成循环经济的产业模式。现在的布罗斯，约55%的家庭生活垃圾是通过焚烧进行能源回收，29%进行了材料回收，另有13%的垃圾用来生产沼气，沼气进一步作为该市公共汽车和垃圾车的车辆燃料，还会出售给私家车使用，大约2.5%的有害废物被无害化处理。最终，布罗斯市只有0.2%的垃圾被填埋。布罗斯市通过减少垃圾填埋、从垃圾中回收燃料和循环利用，对瑞典的可持续废物管理产生了巨大影响。

1996年时，瑞典40%以上的垃圾被填埋。但后来随着垃圾分类的开展和普及，以及创新综合新技术的实施，外加强有力的政策支持，瑞典的垃圾填埋量大幅减少，布罗斯就是其中的先驱城市。在今天的布罗斯，生活垃圾被分为30种，这些垃圾要么被回收，要么被转化为电力、燃料或热源被利用。如今，布罗斯几乎做到了零填埋，这是一个巨大的成就。成功背后的一个关键因素是市民的合作。布罗斯的孩子们从小就开始接受垃圾分类和垃圾管理的教育，环保意识"从娃娃抓起"。此外，布罗斯在定期开展的各项体育和社会活动中，也在不断地对垃圾分类和垃圾管理进行宣传教育，以提高成年人的环保意识。布罗斯垃圾管理系统的成功背后还有几个关键因素，如产学研的紧密合作及通过经济激励的方式促进垃圾分类工作的展开。例如，布罗斯一个成功的政策是：当垃圾分类率提高时，市民需要缴纳的税收会减少，反之亦然，以激励民众更好地进行垃圾分类。

在布罗斯，市政府给每家每户都发放一本小册子，其中介绍了不同的垃圾如何分类和处理。小册子中列出了大约130种不同的垃圾，这样市民就可以知道如何确切地给某一种垃圾分类。例如，透明的玻璃瓶要和彩色的玻璃瓶分开，灯具要按照灯泡、荧光灯、卤素灯、LED灯和其他低能耗灯分类，便于后续分别处理等。布罗斯在全市各家各户步行可达的距离内都设置了回收点，用来收集各种可回收的垃圾。市政府还免费为每家每户提供了"黑袋"和"白袋"，所有可生物降解的垃圾都装在黑袋中，会和其他有机垃圾一起被送往生物处理中心用来生产沼气，而其他垃圾（可燃垃圾）则放入白袋中送去焚烧。布罗斯每年生产的沼气超过 300 万立方米，足够城市中所有的公交车、垃圾收集车和约 300 辆以天然气为能源供应的车辆运行。布罗斯有两座 20 兆瓦的垃圾焚烧厂，均以可燃垃圾为燃料，每天可以产生 960 兆瓦时的热能和电能，供工厂和城市进行使用。

布罗斯应用的另一种有趣的回收方式是押金 – 退款系统，在瑞典该系统被称为"Pant"。顾客每次在超市或杂货店购买使用 PET 瓶或铝罐包装的饮料时，都要被收取 1~4 瑞典克朗（0.7~2.7 元人民币）的附加费用，具体费用视瓶子的大小而定。而当空瓶被退回到回收机后，顾客可以得到押金的退款。超市门口一般都会放置饮料瓶回收机，所有的 PET 瓶和铝罐以及一些玻璃瓶都可以通过回收机进行回收。因此，为了拿回押金，很多居民都会乐于通过 Pant 系统回收饮料瓶罐，这也使得瑞典超过 90% 的 PET 瓶和铝罐可以被回收。Pant 系统具有很强的吸引力和创新性，这种模式的废物管理更便捷、更高效、更经济。

布罗斯现在基本已经建成无废城市了，城市的管理者希望将他们的经验向全球推广。基于这种想法，一个知识共享组织 Waste Recovery（WR）– International Partnership，即"废品回收—国际伙伴"组织成立了。在这个组织中，政府、市民、工业界和大学被聚集在同一个屋檐下，政府与伙伴国家讨论制定更好的政策，而工业界则实施应用大学开发的技术，做到产学研完美衔接。WR 的成员包括布罗斯市政府、布罗斯能源和环境公司、布罗斯大学、瑞典 SP 技术研究所和其他大约 20 家从事垃圾管理的公司。该国际合作始于 2006 年，目前已在东南亚、非洲、拉丁美洲、北美洲和欧洲开展业务，以便与其他国家分享瑞典在可持续废物管理方面的知识和技术。

4. 卡潘诺里：意大利零废弃小镇

卡潘诺里镇（Capannori）虽小，但却是意大利最早下定决心摒弃垃圾焚烧厂的地方，引领意大利迈向零废弃模式。卡潘诺里位于意大利托斯卡纳的卢卡附近，人口不足五万。这座小镇，原本被安排作为意大利新建垃圾焚烧厂的选址之地。当时，人们认为焚烧已经是较为无害的垃圾处理方式，同时垃圾处理也被视为无法突破的困境。加上对于垃圾焚烧厂的迫切需要，公众对于可持续理念的缺失，以及垃圾投资方的压力等因素，进一步加速了焚烧厂的建造进程。

1977 年，卡潘诺里小镇教师罗萨诺·埃尔克里尼挺身而出，孤军奋战，试图阻止垃圾焚烧厂的建造计划。他认定建造垃圾焚烧厂将会对居民健康和小镇风景产生破坏性的影响，只有垃圾减量和资源回收，才是小镇可持续发展之道。在世界零废弃领域专家保罗·康耐特（Paul Connett）教授的帮助下，罗萨诺在小镇开启了"零废弃运动"，开始向小镇居民宣传零废弃的意义，并接手了当地的废物回收公司——ASCIT，挨家挨户上门回收垃圾。罗萨诺的行动成功改变了居民对垃圾处理方式的理解，并推动了小镇垃圾处理方式的转变，同时还影响了周边同样处于垃圾焚烧困境之中的村镇。

同时，"上门服务"的垃圾收集方式有效改变了小镇有机垃圾的处理方式。被收集的有机垃圾被送去当地的堆肥厂进行堆肥处理。在 2010 年，小镇的公共食堂也引进了堆肥设备，这意味着堆肥设备可以被推广到更多的社区和居民群体中，从而减少 30%~70% 的有机垃圾的收集、处理和转化的费用。

2010 年，卡潘诺里镇建立了欧洲首个零废弃研究中心。研究中心的专家们发现在居民产生的其他垃圾中仍有部分可回收垃圾存在，其中咖啡盒最为常见。为此，研究中心特别召集雀巢、意利等咖啡制造商前去开会，讨论寻找可生物降解并且可循环利用的咖啡包装替代品。

垃圾的循环利用也是小镇解决垃圾问题的重要方式之一。2011 年，当地政府设立开放了再利用中心，居民可以将自己不需要的物品，如衣物、玩具、电器、家具等，送至回收中心进行修理或出售。回收中心还提供旧物改造相关的培训课程，积极传播旧物回收的价值观与实践方法。回收中心的设立不仅有效减少了垃圾进入垃圾填埋场的数量，同时发挥了重要的社会功能。

2012 年，卡潘诺里镇开始实施垃圾计量收费的新举措。垃圾收运车被安装了电子计重装置，通过微型芯片扫描垃圾袋的标签，记录每家每户投放垃圾的频率，并征收"垃圾税"（waste tariff）。垃圾计量收费的新举措，更好地激励了居民的垃圾分类以及垃圾减量，使得当地的资源回收率达到了 90%。此外，作为零废弃战略的一部分，当地政府为散装出售产品的商店提供税收优惠，以此鼓励居民携带容器进行购物，从而减少包装的产生。

此外，信息公开与公众参与也是卡潘诺里小镇成功实现零废弃计划的关键。除了挨家挨户上门收集垃圾，当地的政府官员也会挨家挨户公开征集废弃物管理意见。居民的行动成为小镇零废弃战略的重要组成部分，当地志愿者会将垃圾分类的详细清单、垃圾分类箱、垃圾袋分发到居民家中，同时为居民答疑解惑。比如，当地 2 200 户的家庭接受了有关堆肥知识的培训，社区居民在家中可以自行堆肥并处理有机垃圾，这些堆肥家庭可以减免 10% 的垃圾处理费用。

卡潘诺里镇成功的关键在于采取全方位的方法让居民参与零废弃的各个环节，通过居民普及零废弃管理网络。比如，小镇通过"短链"的食品分销模式，促进零售包装的减量。在卡潘诺里小镇，每天有 200 升的牛奶被出售，其中 91% 的居民会自带容器购买牛奶，减少了 9 000 个一次性包装的产生。在小镇、学校等公共场所禁止使用一次性餐具，政府向所有的家庭和商户发放布购物袋，以此培养居民养成良好的消费习惯。

卡潘诺里镇的零废弃计划通过一系列实践探索，证明零废弃之路不仅可行，且兼具经济效益。2009 年因为垃圾数量减少而节省的垃圾处理费用，以及通过资源回收获得的经济价值为卡潘诺里市议会创收 200 万欧元（约为 1 508 万元人民币）；同时垃圾回收再利用模式为当地创造了就业岗位，促进了地区内的就业率。

2005—2012 年，挨家挨户上门回收垃圾的方式，以卡潘诺里镇为起点，逐步在意大利各个地区进行推广。越来越多的民众和政府发现，在上门回收垃圾的过程中，可以及时发现被错误分类的垃圾，并对居民的行为进行纠正。如今，卡潘诺里小镇已经成为欧洲城市的零废弃管理的榜样之一，引领着意大利乃至全欧洲走向零废弃管理之路。

5. 慕尼黑：德国二手商店旗舰项目

慕尼黑（Munich）位于德国南部，是巴伐利亚自由州的州府，德国第三大城市。这里一直是欧洲废弃物循环利用的先锋阵地，慕尼黑从 1999 年开始实施废弃物管理体系，良好的管理模式不仅有效减少了城市废弃物，也是城市良好秩序的体现。慕尼黑城市的居民数量从 2000 年的 120 万增加到现在的 150 万，然而城市的垃圾数量却并没有以同样的速度增加。2018 年慕尼黑城市中 54% 的废弃物被循环利用，提前超额完成欧盟所制定的在 2020 年要达到 50% 废弃物循环利用的目标。这些都得益于成功的废物管理政策。在慕尼黑，社区的每幢居民楼都设有废弃物回收站点，专门收集纸张、有机废弃物和其他垃圾，在城市中还有约 960 个专门针对塑料瓶、玻璃瓶、铝罐和废旧衣物的回收点。慕尼黑的居民也可以将可回收物送至分布在城市中的 12 个回收中心，在回收中心 30 多种不同的材料可以被回收。2020 年，慕尼黑发布了一项新战略以引导城市加速向无废城市和循环经济的转型。

二手商店是慕尼黑这些年向循环经济转型的重要助推力。2000年，慕尼黑废弃物管理公司在废旧车棚中建立了第一家二手商店，将废弃物管理从材料回收转为优先再利用，通过二手物品的出售建立循环经济闭环，减少资源的浪费。废弃物管理公司通过在城市中建立回收站点，收集仍然具有利用价值的物品，同时召集了一批当地的能工巧匠，将收集到的物品进行修复，然后通过二手商店 Halle 进行出售。2016 年，慕尼黑废弃物管理公司开设了第二家二手商店 Halle 2。Halle 2 作为废弃物再利用的旗舰项目，规模更大，产品更为丰富，不仅可以通过维修将废旧物品重复利用，还为当地居民和利益相关者建立强有力的链接，共同推动区域循环经济。

Halle 2 位于慕尼黑城市的市中心，除了雇用的工作人员外，二手商店还得到志愿者和当地团体组织的支持，维修专家会定期在二手商店内举办二手物品修复的研讨会。Halle 2 通过与当地的非盈利组织建立良好的合作，有效通过社区之间的联动践行社会责任，致力于可持续社会建设。

小E课堂

Halle 2 二手商店商业模式的目标

· 增加废物的回收数量，减少城市废弃物的总产生量；

· 为居民提供购买二手商品的便利；

· 为损坏的物品提供修复的机会，保护损坏物品的使用价值以及经济价值；

· 建立新的借贷和交易机会，帮助 Halle 2 以及本地企业扩大商业机会。

Halle 2 二手商店也是当地的"再利用实验室"，作为创新测试平台，慕尼黑当地的手艺人在二手商店内研究测试新的方法，从而增加损坏物品的修复率。这里也为失业人员提供技能培训，传播维修专业知识。Halle 2 与合作的企业共同为青少年以及失业者提供维修技能培训，例如修理自行车和电子设备，以帮助他们在未来找到相关领域的工作，从而获得入门级的机械师资格。同时，慕尼黑废物管理公司将二手商店作为聚集点，测试新的意识提升的活动策划，促进当地公共关系的改进。这座由二手物品建立起来的商店，还是居民举办工作坊和文化活动的重要场所。二手商店会定期举办美术展览、音乐表演、科学讲座等。"共享经济"的理念已经不知不觉地通过二手商店在慕尼黑这座城市进行了广泛实践与延伸。

Halle 2 二手商店中还有一间维修咖啡厅。在慕尼黑，维修咖啡厅的文化十分有特点，居民家中坏掉的物品可以送到附近的维修咖啡馆中，在享受一杯醇香咖啡的同时，和咖啡馆中的修理大师共同享受"变废为宝"的乐趣。如果实在没有可以修理的物品，在维修咖啡厅中享受咖啡之余，学习修理技能，或是帮助他人维修物品，也是不错的选择。

　　Halle 2 二手商店的维修咖啡厅为当地居民提供了组织志愿者活动的场地和空间，也是当地讨论废物循环倡议、分享废物管理知识的场所。维修咖啡厅虽然位于二手商店内，但它却是由当地志愿者来组织和运营的，志愿者每个月会组织当地机构和专家召开会议。技术专家会在维修咖啡厅中定期举办工作坊，为当地居民提供支持和技术指导，例如如何修理自行车或旧收音机。专家为居民提供免费服务，但居民需要向慕尼黑当地的社会机构提供小额捐款，助力当地循环经济发展。

　　Halle 2 这座二手商店，在慕尼黑这座城市中扮演着多重角色。这里为城市中的废物收集提供数据支持，为当地的废物回收利用系统提供评估支持。同时，通过开展多样的社区活动，说服越来越多的城市居民采取行动保护环境，合理利用资源，提升居民的环保意识。可以说，这座二手商店将可持续的生活理念，循环经济的废物管理模式注入每一位市民的心中。

6. 阿尔亨托纳：西班牙小镇的门对门回收项目

　　西班牙巴塞罗那的阿尔亨托纳镇（Argentona），2004 年开始实施门对门的垃圾回收方式，使小镇的垃圾回收率倍增，成为加泰罗尼亚地区的先锋者。这个拥有 18 000 名居民的小镇在垃圾回收方面甚至超越了许多有完善垃圾回收制度的欧洲其他国家。阿尔亨托纳小镇的管理者认为零废弃不仅关系到废物本身，更标志着环境与社区的和谐关系。

　　2004 年以前，阿尔亨托纳镇一直采用西班牙最常用的废弃物管理体系，垃圾分类仅有纸、玻璃、轻质包装（例如塑料和罐子）以及其他垃圾几类。在这种管理体系下，有机废弃物不会被单独收集，这导致原本可以被回收的废弃物被严重污染。这种收集体系使得废弃物的回收率在 20% 以下，产生的废弃物通常被小镇送到 5

千米之外进行焚烧。

2001—2002 年，随着废弃物的增加，现有的垃圾焚烧趋于饱和，焚烧能力已经不能满足当地垃圾处理的需求。当地的垃圾管理面临艰难抉择：要么扩大垃圾焚烧炉的规模，要么开始实施废弃物管理增加垃圾回收的比率。阿尔亨托纳作为距离焚烧厂最近的镇，对垃圾回收问题尤为敏感，镇议会决定通过借此机会改变本镇废弃物收集模式。于是小镇就这样走上了垃圾收运模式的转型之路。

为了顺利推动新的垃圾分类方式和收集模式，镇政府煞费苦心。在施行新的垃圾回收体系之前，镇政府就采取了一系列行动以提高居民意识，比如通过宣传和教育活动呼吁居民改变垃圾分类的习惯。在新的分类方式正式开始之时，小镇每家每户都收到一个专门用于盛放厨余垃圾的棕色小桶，餐饮企业也开始使用专门的容器单独收集餐厨垃圾。同时，小镇开始采取门对门的方式对垃圾进行收集。这一措施的实施效果显著，垃圾分类率以每年 10% 的速度增长，大大减少了其他垃圾中的有机垃圾混合污染。到 2006 年，通过挨家挨户的垃圾分类模式，阿尔亨托纳小镇垃圾的分类收集率达到了 50%。到 2012 年，垃圾分类率达到了 68.5%。

当地政府还鼓励居民在自家花园对分离出的有机废弃物进行堆肥。政府为居民提供堆肥箱，同时对居民进行堆肥培训。这一行动也得到了周围其他地区的关注与效仿，许多居民对堆肥充满了热情，摇身一变成了有机垃圾堆肥工。

2008 年，阿尔亨托纳镇开始了垃圾分类的第二阶段，开始对纸张和包装废弃物进行挨家挨户的分类回收。而玻璃的回收仍通过分散在小镇周围的集中收集点进行收集。这一新举措使小镇的垃圾分类和收集率持续攀升。

垃圾分类以及门对门的废弃物收集模式，在有效解决当地垃圾问题的同时，也带动了阿尔亨托纳镇的就业。小镇的就业人数增加了两倍，整个社区也更加具有包容性。当地负责垃圾回收的企业专门雇用就业困难的工人从事垃圾收运工作。在门对门的废弃物收集模式实施之前，当地废弃物回收公司只有三个人负责废弃物的收集工作。随着废弃物的分出率增加，每周的废物回收班次以及工作人员数量也随之增加。

收运政策也随之更改。居民通常会在晚上 8~9 点，根据废弃物的种类投放垃圾，工作人员会在晚上 10 点挨家挨户收运垃圾。每周会有三次集中收集有机废弃物（厨余垃圾、园林废弃物等），两次集中收集塑料包装和罐头包装，一次收集纸张以及其他垃圾。这种收运模式降低了垃圾的收运成本，还增加了可回收废物以及有机废弃物的分出率，又增加了经济效益，可谓是一举多得。收集到的所有可回收物被送至当地的各个加工厂，其他垃圾则被送至附近的分拣中心进行机械生物处理，在这个过程中仍有部分可回收物以及有机物混入其中。但随着分离率的不断增加，需要焚烧的垃圾越来越少。

在实施门对门的垃圾收集模式后，2009 年阿尔亨托纳镇引入了 PAYT (PAY-AS-YOU-THROW)——为你产生的垃圾买单系统，根据家庭产生的垃圾量收取相应的垃圾费用。居民需要购买特殊的垃圾专用袋收集包装废弃物。2011 年，市政府在 PAYT 中加入了灵活性，垃圾费用由固定费用和可变费用两部分组成。费用的可变部分由每个家庭的人数和所产生的废物量决定。这种简单的改变有效增加了小镇的垃圾分类效率，同时减少了废物流入周边其他地区的机会。

实践证明阿尔亨托纳镇的垃圾管理模式是非常成功的，也为周边城区走向无废城镇指引了方向。近几年，越来越多的西班牙城镇开始采用门对门的废物收集模式。

7. 威海市："4+2"无废城市试点模式

中国在 2019 年提出建设"无废城市"试点的计划，首先确定了 11 个城市作为"无废城市"建设试点，分别是广东省深圳市、内蒙古自治区包头市、安徽省铜陵市、山东省威海市、重庆市（主城区）、浙江省绍兴市、海南省三亚市、河南省许昌市、江苏省徐州市、辽宁省盘锦市和青海省西宁市。同时，将河北雄安新区（新

区代表）、北京经济技术开发区（开发区代表）、中新天津生态城
（国际合作代表）、福建省光泽县（县级代表）和江西省瑞金市
（县级市代表）作为特例，参照"无废城市"建设试点一并推动。
在 2020—2021 年，一些省份也提出全省建设无废城市的规划，例
如浙江省、广东省等。

　　中国实践的"无废城市"建设是一种先进的城市管理理念。"无
废城市"是以创新、协调、绿色、开放、共享的新发展理念为引领，
通过推动形成绿色发展方式和生活方式，持续推进固体废物源头减量
和资源化利用，最大限度减少填埋量，将固体废物环境影响降至最低
的城市发展模式。威海市就是中国具有代表性的试点"无废城市"。

　　2018 年 12 月，国务院办公厅印发《"无废城市"建设试点工
作方案》，威海市成功入选中国第一批"11+5"无废城市试点名单。
威海市结合自身海洋经济和滨海旅游的特点，提出了"4+2"无废
城市试点模式，开启了无废城市探索的试点之路。2018 年威海市
固体废弃物产生量为 900 多万吨，主要包括工业固体废弃物、农业
废弃物、生活垃圾、危险废弃物、餐厨废弃物、建筑垃圾、海洋垃
圾、渔业废弃物等。

小 E 课堂

威海市"4+2"无废城市试点城市建设模式

4 个方面补齐短板

- 大宗工业固体废物趋零增长
- 农业废弃物全量利用
- 城市生活垃圾减量化及资源化利用
- 危险废物全过程安全管控

2 个方面着力发展，探索经验

- 海洋经济绿色发展
- 绿色旅游发展

　　威海市高度重视生活垃圾分类处置，早在 2003 年就开始探索
垃圾分类工作、出台了一系列的垃圾分类管理办法，实现了城乡垃
圾收运体系的覆盖。2016 年威海市启动了城市生活垃圾分类试点

工作，2018 年威海市引入了"互联网＋垃圾分类"回收，在全市27 个社区布局了智能化的垃圾分类回收箱。威海市通过不断规范再生资源回收渠道，布局回收站点，建设信息化平台，提升资源回收效率。目前威海市的生活垃圾已经实现全量处置，无害化处理率达到 100%，资源化利用率达到 75.9%。

对于生活中难以处置的餐厨废弃物，威海市基本形成了完善的餐厨废弃物管理制度体系。各个餐厅食堂产生的餐厨废弃物进行集中收集，统一运至餐厨废弃物处理中心进行处理。威海市建成的餐厨废弃物处理中心项目，日处理能力可以达到 100 吨，采用"预处理＋厌氧消化＋产沼"的技术工艺生产沼气，产生的沼渣被运送至垃圾处理厂进行焚烧处理，而沼液则通过处理后排放至污水处理厂进行进一步的处理。

威海市处于胶东半岛西，与烟台市接壤，北东南三面濒临黄海，具有得天独厚的海洋区位优势。2019 年海洋经济总产值 979.53 亿元，全市占 GDP 比重的 33.1%。海洋作为威海市的宝贵资源，威海市通过加强陆海固废共管共治，打造绿色海洋经济。威海市针对海洋垃圾出台了分类处置制度，对废弃的塑料、玻璃、聚苯乙烯泡沫塑料、木制品等主要的海洋垃圾，进行收集以及资源化利用。对于渔业产生的废旧渔网、渔具、渔船，实行分类、集中回收处置。同时威海市还在积极探索贝壳资源化利用的途径，通过支持科研等方式，开展贝壳用于饲料添加剂、涂料、建材等方面的开发与应用。

威海市为保护海洋生态环境，建立了"海洋废弃物"综合管理制度体系。通过推动地方立法、编制专项规划，引导海洋绿色发展。威海市出台了《海岸带保护条例》在全省通过立法形成对海岸带的海洋废弃物提出管控措施。同时威海市还制定了《威海市信用海洋分级分类管理办法》，将海洋生态与资源保护纳入信用评价体系范围。

威海的渔业非常发达，因此海上有大量的浮漂，过去，泡沫生态浮漂以及劣质塑料易破碎、回收价值低的生态浮漂应用非常广泛，给海洋环境造成威胁。威海市 2019 年开展了"海上生态浮漂更新行动"，组织更换了 500 万个由 PE 等环保新材料制成的环保浮漂。新的生态浮漂具有破损率低、使用年限长、易于回收等特点，可有效预防约 1 万吨的塑料垃圾泄露到海洋环境中，对海洋生态保护具有重要意义。

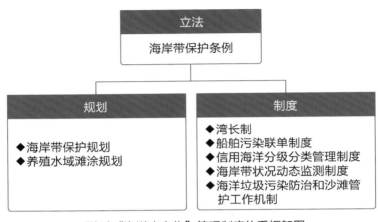

威海市"海洋废弃物"管理制度体系框架图

针对船舶污染物产生量大、监管难、海路处置体系衔接不畅的问题，威海市提出了无废航区建设，全面加强船舶污染全流程监管。为了从源头减少船舶的污染物排放，威海市通过对现有航区内的船舶进行监控、应急防备等基础设施的改造，对航区内的船舶和船员进行环保教育，加大对船舶非法排放污染物的打击力度，督促航区内的船舶严格实施垃圾管理计划，实现船舶污染物"零"超标处置和减量化排放。威海市根据海上航运污染物的来源，将"无废航区"建设解构了六大板块，开展无废航线、无废港口、无废锚地、无废岸线、无废客船和无废船厂建设。威海市至刘公岛航线建设了非开阔水域小型客船智能监管系统，实时监测船舶污染物的收集、排放和实时监控。

威海市的海洋环境保护，不仅有制度和政策的保障，还有全民的参与与支持。威海市积极开展海洋环境保护宣传活动，制作了生动有趣的海洋保护宣传片，通过地方媒体向全市居民宣传海洋保护的重要意义。与此同时，广大居民积极参与海洋垃圾的治理活动，通过实际行动为威海市的绿色海洋经济建设贡献力量。

威海作为美丽的海滨城市，也是游客休闲度假的旅游胜地。美丽的海岸线、松林、沙滩、沿海公路构成了威海市的壮美画卷。美丽的城市，沿海风光，怎能因垃圾而大煞风景。

"无废景区"建设也是威海市"无废城市"建设的重要部分。到威海旅游，你会发现便捷的电子门票正在逐步取代纸质门票。在景区内积极推行环保垃圾袋的发放及回收制度，倡导游客将垃圾自行带离景区，鼓励游客将垃圾投放到指定地点，让游客融入"无废城市"建设中。在有些旅游景区中，全面禁止销售、使用一次性用品，规划建设直饮水设施，鼓励进入景区的游客自带水杯，从而从源头上减少垃圾的产生。

鼓励废品的创意利用，也是"无废景区"建设的重要方面。威海市积极鼓励旅游景区、乡村旅游经营者发挥创意，将废金属、编织袋、木头、秸秆、旧农膜、废旧机械配件等转变为创意景观，实现废物资源化与艺术化，打造旅游创新点。

与此同时，威海市通过构建绿色旅游宣传教育体系，积极开展"无废"旅游宣传教育，引导游客树立垃圾源头减量自觉意识，鼓励旅游景区营造"无废威海"的环境氛围。在景区内鼓励游客参与"垃圾银行"活动，游客可以利用捡拾的垃圾换取景区的门票或者纪念品，吸引游客加入环境保护的队伍，成为环境保护的践行者。威海市还通过智能化手段为游客建立垃圾投递绿色账户，垃圾分类、环境保护教育贯穿游客旅途，培养游客积极参与社会公共事务管理的热情。

大家今后到威海参观做客时，在欣赏美景的同时，也一定要记得"入乡随俗"，尊重"无废景区"的管理规定，减少废弃物的产生，切勿随意丢弃垃圾，做一名文明的旅行者，也为威海市的"无废城市"建设尽你我的微薄之力。

8. 宁波市：智能化垃圾回收平台

宁波是浙江省的重要城市，是中国东南沿海的重要港口城市。宁波拥有世界上货物吞吐量第一的港口，这里是中国大运河的出海口，更是海上丝绸之路的重要始发港之一。靠山吃山，靠水吃水，宁波人深知环境保护对城市发展的重要性，这里很早就依托经济优势开展一系列的垃圾管理工作。2020年，浙江省提出全省建设无废城市的目标，宁波市积极响应，进一步完善垃圾管理体系，不断推广新技术，垃圾分类工作走在中国各大城市的前列。

（1）宁波垃圾管理发展现状和先进性

宁波市于2013年7月和世界银行开展合作后，生活垃圾分类处理循环利用工作开始启动。宁波市利用世界银行丰富的知识和先进的理念，引入循环经济概念对宁波市中心城区生活垃圾从源头分类、收集转运到终端分类处置进行了科学的、完整的、体系化的设计，一次性形成了包括①居民生活垃圾分类推广；②垃圾分类垃圾桶及垃圾袋免费发放；③可回收物收集；④垃圾收集车辆；⑤垃圾转运站及分选中心；⑥厨余垃圾处理厂和垃圾焚烧厂在内的一套完整的城镇生活废弃物分类处置体系，建成了垃圾分类、循环利用的完整闭环。在政策的实施和广大市民的努力下，2019年，宁波市中心城区生活垃圾分类就已经基本实现全覆盖，市民知晓率达93.7%。宁波实现了原生垃圾零填埋，形成了以焚烧处理为主、生化处理为辅、卫生填埋为应急、就地处置为补充的生活垃圾处置体系。可以说，宁波的垃圾分类和处理工作总体达到国内领先水平。

在垃圾收集方面，宁波探索推行"定时定点收集""收运处理一体化"等模式，厨余垃圾、其他垃圾收运由属地城管部门自行或委托第三方企业收运；可回收物通过再生资源回收网点、回收软件、电话预约等方式实现线上线下与再生资源回收体系对接；有害垃圾由属地城管部门对居住小区、单位等进行统一收集并集中存放至暂存点，再由宁波市的环保公司对集中暂存的有害垃圾进行统一收运和处理。宁波市积极规划改造垃圾中转站设施提升垃圾管理水平，中心城区 6 座大型分类转运站已基本建成并相继投运试运行，其中江北转运站引入一条垃圾分选线，能自动将纸、塑料等常规可回收物进行分类，在中国属首例。

现代化焚烧设施不仅要高效环保，更要为周边居民所接受，为此，宁波市做了很多努力。比如，宁波海曙区焚烧厂增加 1 亿元左右投资，不仅提高了焚烧烟气处理水平，并且聘请法国的建筑集团专门进行建筑景观设计，采用蜂巢状透视玻璃幕墙，打造既有工业美感又兼具艺术气质的现代化建筑形象。这座焚烧厂荣获了 2017 年中国循环经济最佳实践奖，被列为浙江省工业旅游示范基地、宁波市市民科普教育基地、党建教育基地等。项目前期的"邻避"变"邻利"，相关工作经验还被浙江省政府作为示范案例在全省推广。

宁波市加快了绿色城市建设脚步，打造了中国第一批资源循环利用基地之一的宁波市固废处置中心园区。园区位于海曙区洞桥镇宣裴村，总占地约 243 000 平方米，内有厨余垃圾处理厂和垃圾焚烧厂，四周环山，毗邻生活垃圾卫生填埋场，在道路、通信、水、电气等方面实现资源共享、土地集约利用，园区内的篮球场、健身房、环保主题公园和展厅向公众免费开放。

宁波市的生活垃圾相关的宣传培训做的非常有特色。宁波市发布"我就是影响力"系列垃圾分类宣传视频十多部，举行"垃圾分类公益创投大赛"和"寻找垃圾分类梦想家庭"等活动，提升市民垃圾分类的意识。宁波市的"垃圾去哪儿了"公益环保考察项目荣获了 2017 年度中国人居环境（范例）奖，生活垃圾分类《小宝贝大行动》获 2018 年度亚洲区固体废弃物处理沟通宣传奖。宁波市还成立了讲师团，深入各个机关、社区、企业等开展垃圾分类宣传培训活动，活动开展五年后累计组织各类培训 5 700 多场次，直接培训 35 万余人。

（2）特色项目："搭把手"智能化垃圾回收平台

扔垃圾还能赚钱？这样的好事真的存在吗？

在宁波，这两年很多小区都安装了以白色和蓝色为主基调的大型垃圾回收箱。与传统的垃圾回收箱不同，这个新型回收箱更像是大型快递提货柜，配有触摸操作屏和不同种类的垃圾投放口，回收品类涵盖了废纸张、废塑料、废旧纺织物、废旧家电、废弃大件家具、玻璃等可循环再利用的资源。投放垃圾的时候操作也很智能化，这些回收箱很"聪明"，垃圾投放口下有自动称重秤，根据所投垃圾的重量进行实时结算，配合微信小程序和屏幕操作，正确投放垃圾后可以获得虚拟"资源币"或直接将扔垃圾赚的钱转入"微信零钱"中。此外，在这里投放的每件垃圾都会在后台进行记录，如果将垃圾分错了类，或者故意用不可回收垃圾"滥竽充数"多赚钱，都会被后续流程发现，通过后台追溯扣掉"不法所得"。这就是宁波市自主研发并投入使用的"搭把手"智能化垃圾回收平台。

资料来源：宁波市人民政府，http://www.ningbo.gov.cn/art/2019/7/9/art_122918155 0_51927071.html。

从小区居民到街道工作人员，从市民到政府，大家都喜欢使用"搭把手"平台。自从发现扔垃圾还能赚点小钱或者用积累的"资源币"兑换茶米油盐，市民进行垃圾分类的主动性高了很多。"搭把手"平台除了在城市居民密度高的小区设置了这样的24小时服务的智能回收柜，也设置了一些人工服务网点，方便老年人和一些不太会使用智能化设备的居民使用。这些人工服务网点有些是用废旧的大型集装箱改造的，做到了废旧物品资源化利用，同时具备智能和人工回收两种模式，站点每天更新并挂出最新的回收价目表，做到全市统一定价。

"搭把手"平台还在居民密度低的一些农村社区设置物流回收点和定时定点流动回收车辆，实行预约定点上门回收服务。另外，"搭把手"平台在一些新建小区设置建筑垃圾和装修垃圾回收车，方便装修房子的小区居民合理丢弃建筑垃圾。种种措施让宁波市民不再觉得垃圾回收很麻烦，而拥有了很强的垃圾回收自主性。

当然，"搭把手"平台不仅仅只负责小区内的垃圾分类和"发钱"工作，后续的一系列垃圾回收流程也尽在掌控之中。在垃圾装满后，"搭把手"智能垃圾回收箱会将数据发到数据管理后台，大数据会通过车联网系统通知距离这里最近的封闭式清运卡车，让司机开车走最优路线来进行垃圾清运，精准实现"箱满即清"。随后，垃圾会被运到再生资源分拣中心进行分拣。鄞州区的姜山再生资源分拣中心是其中的代表，这个漂亮整洁的蓝色大仓库占地约 6667 平方米，由 46 个废弃大型集装箱搭建而成，分成三个大区，可以回收纸类、塑料、家电、金属、玻璃等七个大类。这里的分拣工作由自动机械化设备和分拣工人共同完成，每天仅分拣塑料瓶就能达到 2 吨。很多由于"搭把手"平台启用而失业的收废品人员在这里实现再就业，成为专职的分拣工人，他们不仅可以凭借自己的经验高效准确地完成工作，更是成为拥有稳定收入、固定岗位的垃圾管理主力军。在经过称重、结算、铲运、压缩等步骤后，再生资源在分拣中心内的旅程就完成了，随后会被不同的回收厂进行回收处理。

可以说，"搭把手"平台彻底颠覆了宁波市生活垃圾回收模式，不仅有效提高了垃圾回收率和资源化率，前前后后算下来还大大降低了垃圾回收产业甚至整个垃圾管理流程的成本。曾经，普遍存在的回收"中间商"有很多，收废品的人从居民手中收走垃圾后，至少要经过回收网点、垃圾打包厂等才会被送到回收工厂。其中每一个"中间商"多多少少都会加价，因此当企业真的到回收工厂去采购再生资源时，往往已经是一个远高于"一手价"的价格。这样的情况一度导致一些企业不愿意用国内的再生资源，而宁愿用相对便宜的进口"洋垃圾"提取所需原料。近几年，中国逐步禁止进口垃圾，企业又开始面临价格高昂的本土再生资源原料问题。但是，"搭把手"平台成了破局者，它不仅回收各种品类的垃圾，也不挑大拣小、一视同仁，回收智能化、系统化、规范化，提供了更多的就业岗位，最重要的是这个平台搭建起了完整的垃圾回收产业链，做到了"没有中间商赚差价"，减少回收流程，降低再生资源的成本。

　　截至 2020 年年底，"搭把手"回收体系已在宁波市建成 2 130 个回收服务站点，注册会员超过 68 万户，服务覆盖居民 200 多万人。2020 年，虽然"搭把手"的站点数量仅增长 1%，但注册用户增长了 76%，智能回收箱的日回收量翻了一番，为打造"无废城市"做出积极贡献。"搭把手"平台实现垃圾分类与资源回收同时进行的融合模式让宁波的垃圾分类理念处于全国领先地位。这种智能化的宁波回收模式正走出宁波、走向全国、走向世界。

资料来源：https://kuaibao.qq.com/s/20191226A03A4B00。

资料来源：https://www.sohu.com/a/315449999_120025651?qq-pf-to=pcqq.c2c。

资料来源：http://www.nbtv.cn/xwdsg/nb/30400022.shtml。

第**8**章
垃圾处理与碳中和

　　历史上很长一段时间，地球上空气、水、植物和土壤之间的二氧化碳交换一直处于基本平衡状态。但自工业革命以来，大量的化石燃料使用、森林砍伐和大规模农业生产等造成了大气中二氧化碳的浓度显著增加，从而引发全球气候变暖。1972 年 6 月，第一届联合国人类环境会议在瑞典首都斯德哥尔摩召开，各国政府首次共同讨论环境问题，并提议重视工业温室气体过度排放造成的环境问题。1988 年，世界气象组织和联合国环境署合作成立了政府间气候变化专门委员会（IPCC）。1990 年 IPCC 首次发布《气候变迁评估报告》，指出工业化时期二氧化碳等温室气体排放带来的气候变暖问题。2021 年 8 月 9 日，IPCC 正式发布了第六次评估报告第一工作组报告《气候变化 2021：自然科学基础》。据统计，2011—2020 年全球地表温度比工业革命时期上升了 1.09 摄氏度，其中约 1.07 摄氏度的增温是人类活动造成的；预计到 21 世纪中期，气候系统的变暖仍将持续。未来 20 年，全球升温将达到或超过 1.5 摄氏度。

　　1992 年，联合国召开地球问题首脑会议，达成《联合国气候变化框架公约》，迈出了解决全球气候变化问题的关键一步。2015 年，《联合国气候变化框架公约》第 21 届缔约方会议在巴黎举行，达成了一项具有里程碑意义的协议，核心目标是：加强对气候变化所产生的威胁做出全球性回应，实现与前工业化时期相比将全球温度升幅控制在 2 摄氏度以内；并争取把温度升幅限制在 1.5 摄氏度。截至 2021 年 7 月，全球已有超过 130 个国家和地区提出了"零碳"

或"碳中和"的气候目标。为应对气候变化，约 61 个区域、国家或者地方制定了碳定价机制。

垃圾处理是城市生活和可持续发展的一个重要方面，也不可避免地造成了大量的温室气体排放。小区的垃圾桶、街上的清运车、路旁的垃圾中转站、城郊的填埋场和焚烧厂，都是温室气体的排放源。你可能不曾想过，它们都可以和南北两极的冰川消融扯上关系，而随手丢弃的垃圾，也是影响气候变化的一分子。

1. 垃圾处理排放哪些温室气体？

大气中重要的温室气体包括二氧化碳（CO_2）、氧化亚氮（N_2O）、甲烷（CH_4）、氢氟碳化物类（HFCs）、全氟碳化物（PFCs）、六氟化硫（SF_6）和三氟化氮（NF_3）等。由于水蒸气和臭氧的时空分布变化较大，在进行减量措施规划时，一般不将这两种气体纳入考虑范围之内。

生活垃圾处理过程中排放的温室气体主要是二氧化碳、甲烷和氧化亚氮。

(1) 二氧化碳

二氧化碳是地球大气中最重要的长效温室气体，它不仅使澄清的石灰水变浑浊，还能让我们的地球变成暖房。

大气中的二氧化碳会吸收红外线与紫外线，将来自太阳的热能锁起来，不让其快速流失，这对地球上生命的形成和发展至关重要。但是，当大气中的二氧化碳含量过高，热量将不断累积，从而导致地球的平均气温升高，这被称为温室效应。

二氧化碳是碳循环的关键元素。二氧化碳由有机化合物燃烧、细胞呼吸作用等产生，植物在阳光下吸收二氧化碳进行光合作用，产生碳水化合物和氧气，氧气可供其他生物进行呼吸作用，这种循环被称为碳循环。而通过植树造林、森林管理、植被恢复等措施，

利用植物光合作用吸收大气中的二氧化碳，并将其固定在植被和土壤中，从而减少温室气体在大气中浓度的过程、活动或机制，我们称之为碳汇。

二氧化碳并不是一无是处，它的资源化利用领域非常广泛，包括合成高纯一氧化碳、生产化肥、饮料添加剂、食品保鲜和储存、焊接保护气、灭火器、粉煤输送、合成可降解塑料、油田驱油、植物催长等。

（2）利用二氧化碳制备燃料

利用太阳能产生的电力将水电解制氢，然后将氢与来自大气的二氧化碳进行化学反应，进而转化为汽油、柴油和煤油等燃料，这个想法是不是有点匪夷所思？

来自德国的三位年轻人在卡尔斯鲁厄理工学院成立了 Ineratec 公司，将这一想法付诸实施，研制了逆水煤气变换（reverse water gas shift，RWGS）反应器。2017 年，基于他们技术的合成燃料在芬兰成功生产，并获得了广泛关注。之后，奥迪公司与 Ineratec、Energiedienst Holding AG 协商开展合作，计划在瑞士阿尔高州劳芬堡建立新的试验工厂，用于生产合成新型柴油（e-diesel），所需的电力从可再生能源的水力发电厂获得，产能将达到 40 万升 / 年。

（3）甲烷

甲烷是仅次于二氧化碳的第二大由于人类活动而大量排放的温室气体。甲烷在大气中的存续时间相对较短，排放量也比二氧化碳少，但因为甲烷吸收热红外辐射的效率更高，它的影响比二氧化碳要强得多，甲烷的温室气体效应比二氧化碳高 25 倍。

甲烷的主要排放来源包括来自农业和动物养殖、废物处理、化石能源使用和开采的人为排放，以及湿地、淡水系统和地质来源中的自然排放。

一些甲烷排放的例子：

- 动物肠道发酵，一头牛单日排放甲烷约 5 千克二氧化碳当量；
- 水稻种植，每平方米单日排放甲烷约 1~11 克二氧化碳当量；
- 垃圾填埋场，每公顷每日排放约 0.1~1.0 吨甲烷，或者每平方米每小时排放 0.6~6 升甲烷。

就中国的情况来看，煤矿开采引起的甲烷排放是最大的甲烷排放源，其次是动物肠道发酵和水稻种植。根据《中国城市温室气体排放（2015）》的相关数据，山西省作为中国煤层气储量第一的省份，其省会太原煤矿开采甲烷排放量占比高达 95% 以上；而素有"鱼米之乡"美誉的浙江嘉兴，其水稻甲烷排放量占比高达 90%；而在"世界屋脊"上的城市，动物肠道发酵甲烷排放量占比会更高，因为牧业是它们的主要产业。

甲烷是可燃气体，混合在空气中可能引起爆炸。甲烷在空气中爆炸的浓度下限是 5%，浓度上限是 15%，因此甲烷作为主要成分之一的垃圾填埋气必须妥善收集处理。

垃圾填埋场的甲烷泄露监测也非常重要，技术手段也多种多样。例如，瑞典厄勒布鲁大学 AASS 研究中心在 2013 年研制了用于甲烷监测的机器人，是现实版的"瓦力"。

（4）氧化亚氮

氧化亚氮是一种天然存在的化合物，氧化亚氮在自然氮循环中起着关键作用，主要作为陆地和海洋细菌活动的副产物而形成。大气中的氧化亚氮可能会被其他细菌、紫外线辐射等分解。

氧化亚氮也是一种重要的温室气体，它在大气中的含量很低，但增温潜势却是二氧化碳的 298 倍。2015 年，它在人类温室气体排放中占比约为 5%，而其中 75% 的氧化亚氮排放来自农业活动，其次来自化石燃料燃烧。有很多的垃圾是基于化石原料制成的，如塑料等在生活垃圾焚烧处理过程中会有氧化亚氮释放。

氧化亚氮能致人发笑，因此也被称为"笑气"。它在室温下比

较稳定，有麻醉作用，能使人丧失痛觉，而且吸入后仍然可以保持意识，不会神志不清。因此，有很长一段时间，氧化亚氮被当作麻醉剂在医学手术中使用，尤其在牙医领域。

2. 垃圾分类对碳排放有什么影响？

城市生活垃圾处理的温室气体排放与垃圾的成分息息相关，通过垃圾分类，可以高效回收其中可以再利用的物质，比如橡胶塑料、织物和纸张等，这样能够降低碳含量高的物质在生活垃圾中的比例，并从源头上减少生活垃圾的处理量，从而减少温室气体的排放。

当然，垃圾分类的过程也会带来温室气体排放。为了便于垃圾分类，国内外的技术创新公司研制了很多智能垃圾分类装备。例如，芬兰的 ZenRobotics 公司推出了垃圾分类机器人，机器人由长达 2 米的双机械臂组成，可以抬起 30 千克重的物体，主要用于分拣建筑、工业材料，包括金属、木头、石膏等。这类垃圾分类设备的生产和使用，需要耗费大量能源，从而引起温室气体排放。

垃圾分类对碳排放的影响，不能只简单地考虑分类这一个环节，因为垃圾分类会影响到后续的垃圾收运方式、处理方式、利用方式等，因而需要从全生命周期的角度去衡量。

从发达国家的已有经验来看，垃圾分类可以为碳减排做出巨大贡献。中国也有专家研究了上海垃圾分类对碳排放的影响，调查和分析了试点社区生活餐厨垃圾处理过程中温室气体的排放情况，比较分析了填埋场处理、传统混合焚烧、垃圾分类处理和厌氧消化处理餐厨垃圾之间排放差异。研究结果表明，垃圾分类能有效降低温室气体排放，并且在餐厨垃圾得到有效分类处理后，可以减少它对垃圾焚烧处理的影响，提高垃圾热值，降低二噁英的产生。

3. 垃圾收集与运输过程对碳排放有什么影响？

在垃圾收集和运输过程中，温室气体的排放主要是来自化石燃料（汽油或柴油等）使用产生的二氧化碳。如何在垃圾收集和运输过程中，减少温室气体排放呢？

最常规的操作是建设垃圾中转站，垃圾收集到中转站之后，用大型垃圾转运车替代小型车，这样可以减少垃圾运输的总里程，从而减少温室气体排放。不过，本书将为您介绍一些更吸引眼球的案例。

（1）案例：利用太阳能进行压缩的智能垃圾桶

美国大肚腩太阳能公司（BigBelly Solar）开发的"大肚腩垃圾桶"（big belly bins）2004 年开始投入使用，这款智能垃圾桶可以利用太阳能对投入桶内的垃圾进行压缩，所能容纳的垃圾可以达到普通垃圾桶的 5 倍以上，从而大大减少垃圾桶清洁频率，降低垃圾收运成本，减少温室气体排放。

大肚腩垃圾桶配置了结合无线通信与网管分析的智能服务，在垃圾将要装满时，垃圾桶会自动发送信息提醒清洁人员，从而减少人力巡视并避免垃圾过量的情况。这项服务还可以给管理人员提供垃圾信息以进行分析，便于规划出最佳的垃圾回收路线和回收时间。

更让人惊叹的是，2014 年从纽约开始，大肚腩太阳能公司开始给他们的智能垃圾桶装上无线网络元件，让周围的用户可以免费使用无线网络，真可谓把垃圾桶玩出了花。一堆人围着垃圾桶用手机蹭免费无线网络上网，这画面想想就很美！

（2）案例：自动驾驶的垃圾清运车

2017 年 5 月，沃尔沃集团和专注垃圾管理的瑞诺瓦（Renova）公司共同研究测试了一款可以自动驾驶的垃圾清运卡车。自动驾驶垃圾清运卡车的行车路线由程序预设，可以自动从一个垃圾收集箱驶向下一个垃圾箱，而司机可在处于倒车中的车辆前方专注于垃圾收集，无须在卡车驶向下一个垃圾箱时上下进出驾驶室；此外，自动驾驶使得车辆在倒车环节更为安全。自动驾驶垃圾清运卡车的换

挡、转向和行车速度都经过了持续优化，从而进一步实现更低的油耗与排放。

自动驾驶垃圾清运卡车倒车时驾驶员位于车辆后方确保周围行人安全。
资料来源：Le groupe Volvo teste la première benne à ordures autonome en milieu urbain (volvogroup.com)。

采用节能指标高的垃圾车或采用清洁燃料（如生物质燃料、氢燃料等），在同等运输距离条件下也可以减少燃料燃烧产生的碳排放。

（3）案例：沼气垃圾车

2010年瑞诺瓦公司发布了瑞典首款以生物柴油和沼气为燃料的垃圾运输车。瑞诺瓦公司将一辆排放满足欧V标准的普通柴油垃圾运输车，改装成了一辆使用沼气的高能效汽车，它的能耗比采用压缩天然气（compressed natural gas, CNG）的普通垃圾运输车低了25%。它使用由沼气（占70%）和RME（油菜籽甲酯，占30%）组成的混合燃料，相比普通柴油，可以减少约三分之二的温室气体排放。

此外，垃圾填埋气经过脱硫、脱氧、干燥、深脱水纯化等工序处理后，可以转变为液化天然气作为车用燃料使用。如果垃圾运输车的燃料是来自垃圾填埋气或垃圾厌氧处理产生的沼气，那么就实现了一个小小的循环经济闭环。

4. 垃圾填埋对碳排放有什么影响？

甲烷是垃圾填埋气的主要成分之一。填埋场中垃圾填埋气的释放受到垃圾组分、水分、温度、气象条件、垃圾年龄（填埋时间）等因素的影响：

- ◆ 有机物含量越高，填埋场产气越快。
- ◆ 水分是垃圾填埋场中废物降解的基本限制性因子，填埋场水分状况取决于多种因素，如垃圾自身含水率、降雨、填埋层覆盖等。
- ◆ 温度状况决定了填埋场内微生物群落的空间分布，从而决定产气速率的高低。
- ◆ 微生物产甲烷的最佳 pH 值为 6.7~7.5。
- ◆ 垃圾年龄（填埋时间），生活垃圾刚进入垃圾填埋场时，它会发生好氧分解阶段，而产生的甲烷很少。然后，通常在不到一年的时间内，就会建立厌氧条件，产生甲烷的细菌开始分解废物并产生甲烷。

(1) 垃圾填埋气如何利用？

垃圾填埋气包含大约 50%~55% 的甲烷和 45%~50% 的二氧化碳，以及不到 1% 的非甲烷有机化合物和微量的无机化合物。每一立方米填埋气体相当于大约 0.5 立方米天然气的热值，具有很高的燃料回收价值。在垃圾填埋场，可以利用收集的填埋气为渗滤液的处理提供能量（例如用于蒸干垃圾渗滤液），这样就不需要从填埋场之外获取能源。

而大规模的垃圾填埋气利用，大多是将填埋气体直接燃烧发电，

或者通过提纯后用作管道天然气或汽车燃料等。

国际上，20世纪70年代人们开始利用垃圾填埋气进行电力生产；在中国，第一个垃圾填埋气体发电厂于1998年在杭州天子岭填埋场建成。2007年6月，北京阿苏卫垃圾填埋气发电厂正式投产，是中国华北地区首个发电上网的填埋气发电项目，它可以满足2万个家庭全年的用电需要，每年可减少相当于20万吨二氧化碳气体的温室气体排放，相当于植树15 600公顷。

2010年，北京环卫集团在北京市大兴区安定垃圾填埋场建成了中国首家垃圾填埋气制液化天然气示范工程，收集的垃圾填埋气经过脱硫、脱氧、干燥、深脱水纯化等工序最后转变为液化天然气，该项目年处理规模为560万立方米。

即使不进行能源利用，垃圾填埋气一般也需要收集起来进行焚烧处置，去除有害气体的同时，将甲烷转化为二氧化碳，从而降低温室效应。

（2）垃圾焚烧的碳排放

废弃物的热法处理包括焚烧、热解、气化、等离子气化、露天燃烧等，主要排放的温室气体为二氧化碳，而其他温室气体（如氧化亚氮）的排放主要取决于处理工艺。

生活垃圾中的碳可以分为生物源的碳（如纸板和园林垃圾）和化石源的碳（如塑料），焚烧时，只有化石源的碳转化成的二氧化碳排放会造成大气中温室气体的净增加。

垃圾焚烧是重要的温室气体来源。以瑞士为例，瑞士有30座垃圾焚烧炉，每年处理约400万吨垃圾，垃圾焚烧引起的排放约占瑞士温室气体总排放量的5%。在欧盟，不同国家和地区生活垃圾中碳组分差别很大，焚烧1吨城市生活垃圾，释放的二氧化碳从0.7~1.7吨不等。

虽然垃圾焚烧会引起温室气体排放，但焚烧处理是目前实现垃圾减量化最有效的方式之一；此外，与使用煤等化石燃料进行发电和供热相比，利用垃圾焚烧发电和供热，可以很大程度上降低二氧化碳的排放。这也是垃圾焚烧获得推广的重要原因。

（3）垃圾好氧堆肥的碳排放

垃圾堆肥是在适宜的环境条件下，利用微生物将垃圾中的有机物氧化、转化为腐殖质的过程。腐殖质中含有大量营养物质，可作为优质肥料使用。城市生活垃圾中餐厨垃圾有机成分高、易生化降解的特性非常适合作为微生物的营养底物，可以达到快速稳定为腐殖质的效果，非常适合通过堆肥进行处理。

但是，中国餐厨垃圾含水率一般在 70% 以上，不在堆肥最佳的含水率范围以内，会导致微生物可利用的氧量减少。此外，餐厨垃圾含有很高的油脂，会在堆料表面形成一层油膜，阻碍有机物质跟空气的接触，导致堆料出现厌氧状态，不利于微生物的生长。因此，利用餐厨垃圾进行堆肥，要首先分析其特性，选择合适的膨胀剂或与其他底物（如园林垃圾）进行联合堆肥，以调节含水率和堆料孔隙，增加含氧率。

堆肥技术工艺较为简便、历史悠久，中国在南宋就建立了科学的堆肥方法，比西方早 850 余年。在欧洲，德国的有机堆肥技术处于世界领先地位，他们利用自动化、动态化的处理工艺，将富含有机物的生活垃圾制成高质量的堆肥。此外，为了确保堆肥及沼渣产品品质，并符合相关法律法规及标准要求，德国还建立了专门的堆肥质量控制体系，由德国质量认证中心（RAL），以及自发成立的德国堆肥产品质量控制协会（BGK）进行执行。

堆肥过程的温室气体排放：垃圾堆肥基本是好氧过程，大部分可降解有机碳转化为二氧化碳。甲烷需要在厌氧过程中产生，因此堆肥所产生的甲烷量很少，约占初始碳含量的 1%~5%。堆肥时也会产生氧化亚氮，所产生的氧化亚氮量一般按初始氮含量的 0.5%~5% 考虑。垃圾堆肥的温室气体排放要远低于垃圾填埋和垃圾焚烧。

（4）垃圾厌氧消化的碳排放

厌氧消化是微生物在缺乏氧气的环境中，进行生物降解的一系列过程，兼性菌和厌氧细菌将可生物降解的有机物分解为甲烷、二氧化碳、水和硫化氢等。它可用于处理工业或生活废物，如污泥和餐厨垃圾等。厌氧消化处理废物的历史悠久，1859 年，印度孟买建成世界上第一座消化厂。1896 年，英国小城市爱塞特（Exeter）建起了一座处理生活污水污泥的厌氧消化池，所产生的沼气被用作街道照明的燃料。

厌氧消化的温室气体排放： 厌氧消化的温室气体排放，不仅仅考虑厌氧消化工艺本身，还需要考虑后续产品利用，如甲烷、污泥土的利用的影响。以污泥厌氧消化处理为例，污泥浓缩机的运行、消化过程中的加热和搅拌、脱水环节都会有能量消耗，从而导致二氧化碳排放；而消化环节的甲烷焚烧也产生二氧化碳排放；在土地利用环节，污泥土的利用会释放甲烷。

此外，厌氧消化产生的沼气可以作为燃料，直接使用或者用于发电，替代化石燃料，减少温室气体排放；而污泥土利用替代了肥料，从而减少生产肥料的能耗。

综合进行考虑，垃圾的厌氧消化处理可以实现温室气体负排放（减少温室气体排放）。

5. 什么是碳达峰？什么是碳中和？

（1）碳达峰

碳达峰指的是二氧化碳排放量达到的历史最高点，此后，其排放量将不再持续增长，而是逐步呈现下降趋势。想象一下你正在爬山，起初随着努力攀登，你的高度不断上升，直至抵达山顶，那一刻便是顶峰，之后无论你往哪个方向走，高度都将逐渐降低。碳达峰就像是这一过程中的"山顶时刻",它标志着二氧化碳排放由持续增长转为逐步减少的转折点。

　　作为全球最大的发展中国家,中国在应对气候变化问题上展现出了高度的责任感和使命感。2020 年,中国已明确提出力争 2030 年前实现碳达峰目标,体现了中国对全球气候治理的积极贡献与坚定承诺。

(2)碳中和

　　碳中和,英文为 carbon neutrality,是指个人、企业或政府等通过补偿措施去除相同量的二氧化碳来抵消其行为或者活动所产生的二氧化碳排放;或者是完全消除二氧化碳排放,向"后碳经济"过渡,实现净二氧化碳零排放。

　　简单说,碳中和,意味着向大气排放的二氧化碳和从大气中吸收或去除的二氧化碳保持平衡。

　　碳中和的概念最早出现于 1997 年,由英国伦敦的未来森林公司提出,个人或者家庭出于环境保护的目的,可以通过购买经由第三方认证的碳信用来抵消自身的碳排放。

　　而更广义的碳中和,"碳"并不局限于二氧化碳,而是用"碳"来指代温室气体,相当于另外一个专有名称"气候中和"(climate neutrality),即对人为排放的温室气体进行中和,包括二氧化碳、甲烷、氧化亚氮、氢氟碳化物、全氟化碳和六氟化硫等。中国承诺将于 2060 年实现碳中和。

(3)曾经无为而后治

　　任何吸收二氧化碳多于排放二氧化碳的系统,我们都可以称之为碳汇,地球上的天然碳汇主要包括森林、土壤和海洋。据估计,当前全球天然碳汇每年吸收的二氧化碳约为 95 亿~110 亿吨。

　　在工业化进程之前,人为活动引起的温室气体排放并未对地球

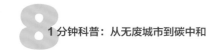

气候造成大的影响，主要是因为人为引起的温室气体排放量远未超出天然碳汇吸收温室气体的水平。

可以想象一下，40 年前的一个山区小镇，"八山一水半分田"，森林覆盖率接近 80%，除去木材加工，基本没有其他工业，农业生产没有机械化设备，也极少使用化肥和农药，汽车寥寥无几，人们出行主要依赖步行或自行车，集市上来自县域以外的商品更是屈指可数。显而易见，小镇的人们过着碳中和的生活，但从另一个视角看，是经济落后、物资匮乏、生活亟待改善，人们并不乐在其中。

工业化、城市化极大地推动了社会经济发展和人民生活改善，但也不可避免地造成了大量温室气体排放，并且远远超出了地球"自然碳中和"的能力。以 2019 年为例，全球二氧化碳的排放量就达到了 380 亿吨，是天然碳汇吸收二氧化碳能力的 3 倍以上。

通过人为活动增加碳汇是实现碳中和的一个重要途径，比如进行人工造林（像你时常听到的"蚂蚁森林"）；又或者把二氧化碳注入油田，在提高石油采收率的同时，将二氧化碳封存在土壤之中。但如果发生森林火灾、土地利用的变化，那么吸收或存储在森林和土壤中的二氧化碳又将重新释放到大气中。

（4）而今迈步从头越

很遗憾，迄今为止，所有人工碳汇都不足以从大气中去除足够量的温室气体来对抗全球变暖。人们也不可能放弃已经获得的现代化成果和优越的幸福生活，而重新回到牛耕马拉的年代。于是，我们面临着在维持经济增长的前提下，大幅降低温室气体排放的考验，可谓雄关漫道。

从当前来看，最重要也最可行的碳中和措施，是通过革新和创新，利用低碳或零碳技术来减少温室气体的排放，同时推进实现循环经济。

以电力生产为例，用清洁能源替代化石燃料发电是必然趋势。那么清洁能源到底有多清洁？以风力发电为例，2020 年瑞典环境科学研究院为金风科技的两款风机进行了全生命周期测算，风机设备每发 1 千瓦时电的二氧化碳排放为 8 克左右，作为对比，中国常规燃煤机组每千瓦时电的二氧化碳排放在 900 克左右，是风电排放的 100 多倍。

在循环经济层面上，现在已经可以看到基于新理念设计的产品，在其使用寿命结束后，零部件拆分再利用的比例在 90% 以上。也许，我们可以大胆地预测未来，当装配式建筑发展到极致的时候，房屋完全可以像乐高积木一样，随意拆分重组，极大地节省各类资源和投入。

（5）每日三省碳足迹

如果把碳中和视为一场战役，那么我们也同样需要知己知彼，方可百战不殆；碳减排最根本和最重要的出发点是"知己"。

就企业而言，首先需要摸清楚产生温室气体的主要环节在哪里，是燃烧化石燃料、制冷剂泄漏的直接排放，还是购买电力和热力的间接排放，抑或外包服务引起的排放？然后才能有的放矢，结合企业发展情况制定碳中和计划，并采取行之有效的改善措施。

对个人来说，能做的更多的是通过日常行为和消费理念的改变，来削减个人碳足迹、拥抱绿色生活。日常生活中的衣、食、住、行，都可以关联温室气体排放，而将这些林林总总加起来，就构成了个人的碳足迹。

清晨，在智能手机的闹铃中，你慢慢清醒过来，欣喜抑或挣扎地开始新的一天的生活；

（手机的电子零部件相当复杂，一部重量约为 169 克的智能手机背后的碳排放可能高达 110 千克，如果你的手机还好用，请不要仅仅因为手机出了新款而舍弃。）

清冽的自来水，洗去脸庞残留的睡意，留下些许清爽；

（取水、添加净水药剂、反应沉淀、过滤、加氯、加压输送以及废水处理，1 吨自来水的碳排放约为 1 千克，所以请不要嘲笑老人把洗菜水存储起来冲马桶。）

早餐要吃好，你选择豆浆还是牛奶？

（不同国家，牛奶的碳排放差别较大，例如瑞典 1 升牛奶的碳排放约为 1 千克，而中国约为 1.68 千克。与牛奶相比，豆浆的碳排放要低不少，大豆是具有最少环境足迹的蛋白质食物之一，所需的土地及温室气体排放量比牛奶少 85% ~ 90%。）

换上比较随性的牛仔裤，可以出门了。

（一条纯棉牛仔裤的碳排放约为 6.3 千克；值得注意的是，破洞牛仔裤的碳排放往往比普通牛仔裤要更高，因为破洞意味着增加额外的裁制工艺，某些时尚的追求意味着更高的碳排放。）

作为环保主义的践行者，出门后你选择了共享单车，不知道能减排多少？

（欧盟相关法规要求，2021 年汽车制造商必须将平均每辆车每千米碳排放量从 118.5 克降至 95 克，不达标部分将面临每辆车每克 95 欧元，即 716 元人民币的罚款；并计划到 2030 年将该标准进一步收紧到每千米 75 克碳排放。一辆共享单车在使用寿命内，可骑行距离约为 4 000 千米，若按照汽车每千米碳排放 95 克估算，共享单车替代汽车出行，4 000 千米可减少碳排放约 380 千克。）

你可以在很多方面减少碳排放，节水、节电、节纸、更多地使用公共交通、减少食物浪费……

（6）碳不是唯一指标

2020 年中国政府发布 2030 年之前碳达峰、2060 年之前碳中和的宏伟目标之后，"碳"的话题火爆一时，各行各业都开始积极布局，更有很多人将 2021 年视为中国碳中和元年。

值得提醒的是，碳减排并不是可持续发展的唯一主题，碳中和，我们需要系统性的解决方案。碳减排的措施，很有可能引发其他值得关注的问题，例如，我们提倡使用电动车来替代汽油车和柴油车，而电动车真正促进碳减排的一个前提条件，是电网中清洁能源的比例大大提升；此外，电动车的普及，意味着电动车电池的大量生产，与汽油车和柴油车相比，电池的生产和最终处置会带来需要谨慎应对的重金属污染，包括水体污染和土地污染。为节约资源和减少潜在污染，我们需要技术改进和设计优化，尽可能延长电池使用寿命并提升回收再利用水平。

6. 全球碳中和进程

面对全球气候变化这一人类共同面临的严峻挑战，世界各国纷纷根据自身发展实际，设定了相应的减排目标。

2015 年 12 月，世界各国在《巴黎协定》中承诺，把全球平均气温上升控制在较工业化前不超过 2 摄氏度，并争取控制在 1.5 摄氏度之内，并在 2050—2100 年实现全球碳中和目标，即温室气体的排放与吸收之间的平衡。各国需制定碳排放减排目标，即"国家自主贡献"，每五年更新一次减排进展。

2018 年 9 月，美国加利福尼亚州州长签署了碳中和令，该州几乎同时通过了一项法律，在 2045 年前实现电力 100% 来自可再生能源。

2019 年 6 月，法国国民议会投票将净零目标纳入法律。

2020 年 3 月，欧盟委员会公布《欧洲气候法》草案，决定以立法的形式明确，欧洲到 2050 年实现碳中和，即温室气体净排放量到 2050 年降为零。草案要求，欧盟所有机构和成员国都采取必要措施以实现上述目标。根据 2019 年 12 月公布的"绿色协议"（Green Deal），欧盟委员会正在努力实现整个欧盟 2050 年净零排放目标，该长期战略于 2020 年 3 月提交联合国。2020 年 9 月 16 日，欧盟委员会主席冯德莱恩在《盟情咨文》中明确，欧盟致力于到 2023 年将温室气体排放量较 1990 年水平削减至少 55%，并展望 2050 年，欧洲大陆将成为全球首个实现"碳中和"的典范。紧随其后，日本、英国、加拿大、韩国等发达国家也相继承诺，将于 2050 年前达成碳中和目标。其中，日本调整了原有规划，将 2050 年的减排目标由减少 80% 排放量提升为实现碳中和；英国则提出了 2045 年实现

净零排放，并于 2050 年全面达成碳中和；加拿大政府同样坚定表态，设定了 2050 年实现碳中和的国家目标。

2020 年 9 月中国国家主席习近平在第七十五届联合国大会一般性辩论上表示，中国将提高国家自主贡献力度，采取更加有力的政策和措施，二氧化碳排放力争于 2030 年前达到峰值，努力争取 2060 年前实现碳中和。"碳达峰"与"碳中和"统称为"双碳"目标。这一政策是中国政府为引领全球气候治理、迈向可持续发展未来而实施的关键战略，其核心目标在于通过转变经济发展模式，减少二氧化碳排放和增加碳吸收，并引领社会走向低碳生活，从而为缓解全球气候问题贡献中国力量。

为早日达成"双碳"目标，中国建立了"1+N"双碳政策体系，以党中央对"双碳"目标进行的谋划部署为"1"，以工业、能源和交通等多个领域、行业推行的政策为"N"，设计了"碳中和时间图、路线表"，有序推动双碳目标早日达成。各家企业也积极响应，特别是在废弃物循环利用方面，例如海尔集团建成了首家绿色再循环工厂，使用拆解的废旧家电生产新产品，降低了 16% 的能耗；朗坤集团建立了 30 余家使用厨余垃圾生产生物柴油、沼气等生物燃料和有机肥的工厂，已经实现了超过 122 万吨的碳减排量。垃圾的循环利用，不仅可以减少垃圾填埋、焚烧所导致的碳排放，还可以减少资源浪费，并避免开采新资源带来的碳排放，随着整个社会对碳减排的逐渐重视，现在越来越多的人参与到垃圾循环利用的行动中来，环保意识也逐渐增强，减少碳排放做出了实际的贡献，无废城市的建设指日可待。

7. 什么是碳交易？

碳交易是为促进全球温室气体减排，减少全球二氧化碳排放所采用的市场机制。联合国政府间气候变化专门委员会通过艰难谈判，于 1992 年 5 月 9 日通过《联合国气候变化框架公约》。1997 年 12 月 IPCC 于日本京都通过了《京都议定书》，把市场机制作为解决二氧化碳为代表的温室气体减排问题的新路径，即把二氧化碳排放权作为一种商品，从而形成了二氧化碳排放权的交易，简称碳交易。

欧盟排放交易系统 (EU ETS) 是全球首个主要的碳排放权交易系统，于 2005 年投入运营。中国则于 2011 年在北京、天津、上海、重庆、湖北、广东及深圳 7 个省市启动了碳排放权交易试点，2017 年 12 月正式启动全国统一碳排放权交易市场建设。2021 年 7 月 16 日，全国碳市场正式启动上线交易。

而在上述强制性减排市场建立之前，自愿减排交易市场就已经存在。自愿减排市场最先起源于一些团体或个人为自愿抵消其温室气体排放，而向减排项目的所有方购买减排指标的行为，比如购买森林碳汇二氧化碳减排指标。芝加哥气候交易所成立于 2003 年，是全球第一个自愿温室气体减排限额交易平台。

在《京都议定书》的碳交易体系下，很多垃圾焚烧发电、垃圾填埋气发电项目都被列入了交易范畴之中，普遍认为与使用化石燃料发电相比，垃圾焚烧发电和垃圾填埋气发电可以减少二氧化碳排放。碳减排指标经由国际认证后在发达国家和发展中国家之间进行交易，发达国家购买这些减排指标来抵消本国的二氧化碳排放。而中国和印度是《京都议定书》的碳交易体系下，转让碳减排指标最多的发展中国家。

8. 垃圾处理与碳中和有什么关系？

2020—2021 年，长期的气温表现发生异常。世界气象组织发布的《2020 年全球气候状况》报告指出，2020 年是有气象记录以来，全球平均温度排在前三中的一年。特别是在 2020 年 6 月，北极圈内的一个西伯利亚小镇的气温居然达到了 38 摄氏度的高温！北极的温度比中国南方的气温还要高，这也是北极圈内有（气象）记录以来的最高温度。其实，不只是北极，2020 年全球平均气温比工业化前上升了大约 1.2 摄氏度，这样的气温上升速度远远超出预期。全球平均气温每升高 1 摄氏度，海平面可能会上升超过 2 米，这会导致像巴厘岛、马尔代夫这样海拔较低的沿海地区的面积逐渐缩小甚至消失，岛上的居民将不得不迁往别处。如果全球平均气温上升2摄氏度，全球99%的珊瑚礁都将消失，接近墨西哥国土面积的冻土会永久解冻，会有大量的甲烷释放出来。数千年来，地球的全年气候一直保持稳定，地球可以通过自我调节维持气候的动态平衡，这也是生态系统最重要的特征之一。地球生态系统内在的生态平衡一旦被打破，将对环境造成不可逆的影响。我们已经看到了在2021年全球极端天气发生的数量比往年增多，强度更大。

导致全球变暖和极端天气的"罪魁祸首"是人类活动不断排放的二氧化碳等温室气体。泛泛地讲，人类所做的每一件事情都会产生一定的二氧化碳，例如开车、看电视、烹饪等，都会构成我们每一个人的碳足迹。温室气体主要包括水蒸气、二氧化碳、氧化亚氮、甲烷等，这些气体使大气的保温作用增强，从而使全球温度升高。其基本原理是，太阳发出的短波辐射透过大气层到达地面，而地面增暖后反射出的长波辐射却被这些温室气体吸收。大气中的温室气体不断增多，就好像给地球裹上了一层厚厚的被子，使地表温度逐渐升高。联合国政府间气候变化专门委员会发布的《全球1.5℃增暖特别报告》指出，若将全球气温上升幅度控制在1.5摄氏度以内，将能避免大量气候变化带来的损失与风险，能够避免几百万人陷入气候风险导致的贫困，将全球受水资源紧张影响的人口比例减少一半，降低强降雨、干旱等极端天气发生的频率，减少对捕鱼业、畜牧业的负面影响。因此人类的生产生活要尽量减少碳足迹和碳排放，实现碳排放早日达到峰值，而后逐渐减少，最后达到一个净零排放或者碳中和的状态。

实现"碳中和"是一场广泛而深刻的经济社会系统性变革，实现碳中和目标不仅是政府、企业的责任，也与每一位公民息息相关。帮助公民，特别是青少年充分认识到"碳中和"的意义和作用，则是摆在首位的课题。如何提升青少年的低碳意识、普及碳中和知识、倡导公民绿色生活方式，也逐渐凸显其重要性。

废物管理涉及从家庭、商业和工业用户收集、运输、处置和回收利用废物。由于潜在的健康、安全和环境影响，废物管理必须在政府的严格控制和监管下实施。

废物与城市气候战略，包括城市碳中和的实现密切关联，原因有很多：

♦ 城市生活垃圾在垃圾填埋场中的分解是造成人为排放甲烷的最重要因素之一；如果被焚烧，也是造成碳排放的重要原因。中国废弃物处理甲烷排放量靠前的城市为上海、北京、青岛、深圳、杭州、广州和重庆。

♦ 城市生活垃圾给城市基础设施和空间带来沉重负担，涉及与垃圾处理设施的建设和运营有关的土地用途变化和能源消耗。

♦ 城市生活垃圾还会加剧当地气候的负面影响，例如，固体废物的倾倒可能会堵塞排水管道并造成局部洪水。

城市碳中和，要求垃圾处理必须实现温室气体净零排放。为应对挑战，需要从产品和材料的整个生命周期进行适当的管理，零废弃策略已成为最佳实践之一，正在日益普及。它不仅鼓励产品的回收利用，而且还旨在重组产品的设计、生产、分配和消费，以防止产生废物。例如，在建筑领域，最大程度地减少建筑材料和建筑实践中的能源消耗的同时，还应考虑采用有效的手段在建筑物使用寿命结束时对其进行"回收"，即有效的拆除和材料的再利用。

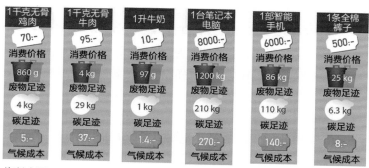

资料来源：The total waste of products-a study on waste footprint and climate cost, IVL Swedish Environmental Research Institute, 2015。

本书前面部分介绍了垃圾管理的优先等级，在五个阶梯等级，

阶梯越低，带来的碳排放越大。因此我们要尽量让垃圾管理的系统攀升到更高的阶梯。例如，很多时候，我们可能看不到一个物品在我们使用前，已经产生了大量的碳排放和其他附属的废物。

瑞典环境科学研究院在 2015 年利用全生命周期评价的方法对一系列的物品进行了废物足迹（waste footprint）分析，研究发现产品在消费之前，所产生的碳排放和其他附属废物是超出我们的想象的，例如一部重量约 200 克的智能手机，在我们购买使用之前，它已经带来了 86 千克的废物（包括采矿、废渣和其他废物等），以及 110 千克的碳排放。因此我们消费者在购买物品的时候，一定要考虑清楚，是不是一定有购买的必要，否则一旦购买，就已经带来了大量的排放，更别提这个产品我们在使用和废弃处理过程中的更多排放。

许多材料可以回收利用，包括玻璃、纸张、金属、塑料、纺织品和电子产品。材料回收可以大量减少温室气体排放。瑞典国家统计局数据显示，2016 年瑞典通过物料回收利用减少的二氧化碳排放超过 700 万吨。预分类的可生物降解垃圾（例如厨房和花园垃圾、污水污泥）可用于堆肥（包括与沼气生产结合使用），但是，城市垃圾的回收和堆肥需要有效的市政基础设施来收集这些材料并进行分类和进一步处理。

对最终处置方法的选择，焚烧处理所占的比重越来越大，其优点是无须对固体废物进行预处理，可以极大减少废物的体积。但是，垃圾焚烧的公众形象很差，由于二噁英排放等受到环境团体和当地居民反对，人们也一直在寻求更好的替代方案，例如废物的气化和热解，可用于任何低水分含量的有机材料，包括塑料废物、轮胎和木材等。热解不会产生二氧化碳排放，碳被锁定在最终产物——生物炭中。生物炭是一种细颗粒、高度多孔的木炭。它本身可以燃烧产生能量替代化石燃料的使用；它还是一种有效的肥料，有助于土壤保留养分和水分，从而提高土壤肥力。此外，当用作肥料时，其中的碳具有抗降解作用，并且可以将土壤中的碳锁定数百年之久。

瑞典有一套科学的基于全生命周期方法开发而来的工具

WAMPS(Waste Management Planning System)，来准确地将整个地区废物管理所带来的碳排放进行量化，通过模拟不同的管理模式情形，比较出最优秀的废物管理模式，这种管理模式包括废物全生命周期，例如垃圾分类、运输、分拣、焚烧、堆肥、沼气、填埋等过程。在一个智利的项目中，瑞典环境科学研究院曾经帮助一个城市规划其废物管理系统，通过该工具来模拟和比较 6 种不同的废物处理情形，研究结果表明，如果按照该城市目前的管理模式，每年的碳排放大约为 120 万吨，而采用瑞典理想模式的话，碳排放为负 200 万吨。为负的原因包括多种，例如垃圾焚烧发电替代原有化石能源发电，焚烧发热替代原有天然气供热，有机垃圾沼气生产替代原有燃油或者化石能源产生的电力等。

9. 什么是CCUS?

二氧化碳捕集、利用与封存（carbon capture, utilization and storage，CCUS），一般是把工业生产过程中排放的二氧化碳进行收集、提纯，继而投入到新的生产过程中进行循环再利用或封存。CCUS 技术是 CCS（carbon capture and storage，碳捕集与封存）的发展，与 CCS 相比，CCUS 将二氧化碳资源化，从而直接带来经济效益，更具有吸引力。联合国政府间气候变化专门委员会认为要在 2100 年实现全球气温升高不超过 2 摄氏度的目标，CCUS 技术将发挥至关重要的作用。

通过将二氧化碳注入枯竭油井来提高石油采收率的技术被称为二氧化碳强化驱油技术，该技术于 20 世纪 70 年代在美国兴起。由于大部分注入的二氧化碳可以与大气永久隔离，该方法也是世界公认的碳中和的有效途径。从工业排放源捕集二氧化碳、液化并将其运输到油田强化驱油的工艺组合是典型的 CCUS 技术。

在北欧，挪威是较早开展二氧化碳捕集、利用与封存的国家。自 20 世纪 90 年代后期以来，挪威一直在北海的废弃天然气田深处封存二氧化碳，并且宣布计划从 2024 年开始接受其他国家的二氧

化碳封存。该区域海底二氧化碳最大储存量估计为 700 亿吨，约为欧盟年排放量的 20 倍。

2017 年 5 月，瑞士 Climeworks 公司成为全球首个以工业规模从空气中捕获二氧化碳并出售的企业。该公司在苏黎世郊区的一家工厂的屋顶上安装了 18 台大"风扇"收集器，每年可以捕集 900 吨二氧化碳，出售给几百米外的温室大棚作为植物气肥，可以使大棚内的蔬菜产量提高约 20%。

在中国，截至 2019 年年底，一共开展了 9 个捕集示范项目、12 个地质利用与封存项目。不计算传统化工利用，所有 CCUS 项目的累计二氧化碳封存量约为 200 万吨。其中捕集主要集中在煤化工行业，其他为火电行业、天然气厂以及水泥、化肥等工厂。中国的二氧化碳地质利用和封存项目以提高石油采收率为主，主要围绕几个油气盆地开展，包括东北松辽盆地、华北渤海湾盆地、西北鄂尔多斯盆地和准噶尔盆地。

在二氧化碳捕集、输送、利用与封存环节中，捕集是能耗和成本最高的环节。中国当前的低浓度二氧化碳捕集成本约为 300~900 元 / 吨。

（1）垃圾焚烧的 CCUS

垃圾焚烧电厂的烟气与燃煤电厂的烟气比较类似，但是与燃煤电厂相比，在垃圾焚烧电厂进行二氧化碳捕集要相对简单一些，因为垃圾焚烧的烟气含硫量低，产生的颗粒物也比较少，气体净化所需的资金较少。

垃圾焚烧电厂烟气中二氧化碳的浓度与所焚烧的垃圾中碳的含量密切关联。而生活垃圾中的碳又可以分为生物源的碳（如纸板和园林垃圾）和化石源的碳（如塑料）。当垃圾焚烧电厂的二氧化碳被捕集封存时，来自化石源的碳的这部分二氧化碳捕集封存被视为碳中和，而来自生物源的碳的这部分二氧化碳捕集封存则被视为碳负排放。

目前，垃圾焚烧电厂的碳捕集项目仅在挪威、荷兰和日本开展。

本书介绍一下挪威首都奥斯陆垃圾焚烧热电厂的碳捕集项目。

该项目在挪威最大的区域供热供电商 Fortum Oslo Varme AS 垃圾焚烧热电厂开展，芬兰富腾能源公司和奥斯陆政府各拥有该热电厂 50% 的股份。该厂每年处理生活垃圾约 40 万吨，可以提供约 150 吉瓦时[①] 电力和 1 800 吉瓦时的热力，其中供热管网总长度达到 600 千米，为当地居民住宅、公寓和商业大楼供热，并可以通过集中供热系统将热力输送给港口的船舶。

项目在垃圾焚烧热电厂安装二氧化碳捕集和压缩储存装置，然后把二氧化碳用船运送到海上，最终将二氧化碳注入海底的地层中封存起来。该项目每年的碳捕集量为 40 万吨，其中来自生物源的二氧化碳超过 50%。项目的二氧化碳处理等相关的技术服务由壳牌和富士康提供。

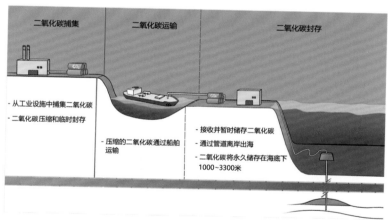

（2）水泥窑协同处置生活垃圾 + CCUS

水泥窑是指传统的水泥厂用来生产水泥的设施。城市生活垃圾焚烧后产生的炉渣，其主要化学成分与水泥原料相似，且具有一定的胶凝活性。利用水泥窑炉焚烧城市生活垃圾，灰渣直接混入水泥

---

① 吉瓦时是能量单位，符号是 GWh。1 吉瓦时 =10⁶ 千瓦时，也相当于 100 万度电。该单位在电动汽车和新能源汽车领域有着广泛的应用。

生产的生料中，参与熟料煅烧的固相反应，既可避免有害物质的排出，又可减少对矿山资源的耗费。

国际上，水泥窑协同处置是固废危废处理的重要手段，有40多年的发展历史，已经建立起从废物产生源头到水泥厂处置的质量保证体系，既考虑污染物排放又保证水泥和混凝土的质量。例如，德国水泥窑协同处置处理的废物种类主要为废旧轮胎、废弃油、废木材以及工业废物；其固废处置产业链也较为完善，在水泥厂附近有配套的垃圾分选处理厂，把热值高、宜焚烧的成分分选出来进行破碎，再运到水泥厂，以确保焚烧时的燃料添加达到最小化，又能控制二噁英产生。

在中国，水泥窑协同处置城市生活垃圾也得到了广泛推广。以海螺集团为例，2007年海螺集团启动"利用新型干法水泥窑无害化处置生活垃圾系统的开发与应用"科研项目，与日本川崎重工进行了多年的技术交流和探讨。2010年4月，海螺集团首个日处理城市生活垃圾600吨的示范项目在安徽省铜陵市投运，项目利用垃圾气化处理技术将垃圾气化成可燃气体，将此气体引入新型干法水泥窑系统的分解炉中燃烧，经德国 Eurofins GFA GmbH 实验室检测，SP 烟囱出口二噁英浓度低于国家排放标准。

全球各国越来越重视气候变化，各国纷纷都提出了碳中和目标。自2020年以来，全球更加重视气候变化带来的自然灾难，最近甚至有一些新的讨论，例如，气候变化带来的全球变暖，导致北极冰川融化，可能会使得沉寂在冰川远古时代的细菌和病毒回到人类身边，这样导致的后果可能是不堪设想的。

科学的废物管理系统，对于一个地区实现碳中和至关重要，不同的管理理念和技术，带来的碳排放有天壤之别，通过合理的顶层设计，不仅能够大大降低废物管理的碳排放，还有可能使其降至负数，将该地区其他行业的碳排放进行抵消，助力该地区更好更快地实现碳中和。

此外，CCUS 可以显著地减少水泥工业二氧化碳排放，被认为是水泥工业进一步全面碳减排的重大举措，已经被欧洲列入《2050

欧洲低碳发展技术路线图》，中国也将其作为节能减排大力扶持的措施之一。2018 年 10 月 31 日，全球水泥行业首个水泥窑碳捕集纯化示范项目在安徽海螺集团白马山水泥厂建成投运。2020 年 3 月，白马山水泥厂首车干冰销售出厂，顺利实现二氧化碳产品转化。干冰可广泛应用于碳酸饮料添加、食品蔬菜保鲜、清洗行业和冷藏运输行业等领域，也大大提高了二氧化碳产品的附加值。

　　海螺集团在水泥窑协同处置城市生活垃圾以及水泥窑碳捕集纯化利用方面都做出了很好的实践。水泥窑协同处理城市生活垃圾，可以替代部分原料、燃料，从而保护矿山资源、减少化石燃料使用，而 CCUS 是有效的碳减排措施，如果未来能够将两个技术进行充分发展和优化组合，那么将不失为处理城市生活垃圾且减少二氧化碳排放的有效途径。

10. 瑞典固废行业的2040碳中和愿景是什么？

　　瑞典政府希望在 2040 年的时候实现固废行业（回收行业）的碳中和，并为社会低碳发展做出更大贡献。行业使用的化石燃料将由可再生能源替代，或者通过电气化替代；原始原料被回收或被可再生原料替代。人们之间共享产品，产品的使用寿命大大增加，产品有更好的升级和维修机会。当产品用完时，产品的设计使其便于拆卸，可以轻松地用作加工原材料，投入到新的生产过程中。

　　回收材料使用量的增加意味着化石和原始材料的使用量很小。在这种愿景下，行业拥有强大的自我造血功能，能够实现循环流动。企业开发出创新的高科技方法来实现有效的物料回收和数字化系统，从而能够跟踪产品和物料流。企业在材料和循环流方面的专业知识使它们成为循环经济中企业界其他部门的重要合作伙伴。而企业本身将一直走在发展的最前沿，它们系统地简化了自己所有的物料流，开发物料回收的新方法，并为其他行业的企业提供创新服务。

　　瑞典固废行业碳中和具体行动目标为：

　　2021 年：行业参与者确定自己的温室气体排放量，并设定自

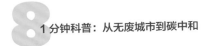

己的气候目标，设定的目标需要与国家长期目标相一致或更雄心勃勃；

2025 年：与 2015 年相比，温室气体排放量减少 30%；

2030 年：与 2015 年相比，温室气体排放量减少 50%；

2040 年：温室气体净排放量为零。

11. 什么是LCA？LCA如何助力垃圾管理与碳中和？

LCA，即英文 life cycle assessment 的首字母缩写，中文译作"生命周期评价"，是评估产品、设施或服务从产生到废弃的整个生命周期内对环境影响的方法，也被称为"从摇篮到坟墓"的评估模式。LCA 可以用于评估产品或社会服务所产生的环境影响，目前用于评估产品的 LCA 较为普遍。用于评估产品的 LCA，可以涵盖产品从原材料开采、加工、生产制造、运输、使用到废弃处理的全过程，通过提供可量化的数据支持，全面评估该产品、设施或服务的环境影响。当 LCA 所评估的环境指标只关注温室气体排放时，就是我们常说的碳足迹了。需要注意的是，通常语境下的"碳排放"和"碳足迹"意义有所差别，碳足迹的核算范围更多情况下指的是上述提到的"从摇篮到坟墓"的全生命周期，而碳排放的核算范围往往说的仅是产品的生产制造过程。

LCA 在产品设计、政策制定、供应链管理、市场营销、环境评估、废物管理、能源和农业领域等多个方面发挥着关键作用，助力企业、政府等相关部门加速推进可持续发展目标的实现。比如，LCA 可以用在产品设计阶段，以便生产者考虑在满足产品设计功能的前提下，优化生产路径，包括选择更低碳的原材料作为产品原料，使用更清洁的能源用于产品生产，采用更高效的生产路径以便减少生产中原辅料投入和废弃物，以及选择能耗更低的产品设计方案作为产品的最终方案。

LCA 通常包括四个步骤：①确定分析的目的与范围；②清单分析；③影响评价；④对上述三个步骤的解释。

以如何利用 LCA 计算碳足迹为例，首先要确定计算目的。例如，一个企业可能希望了解其生产的塑料瓶的碳足迹，以便改进生产过程；或者一位消费者可能想知道不同品牌的牛奶的碳足迹，以选择更环保的产品。在此阶段，还需界定系统边界，比如这次进行的是碳足迹的分析，那么原材料提取到产品使用和最终处理的所有环节均应该纳入考量。

其次，清单分析这一阶段涉及了收集与产品或活动相关的所有数据，例如，在生产塑料瓶时，需要考虑石油开采、塑料制造、瓶子成型、运输到超市、消费者使用后回收或处理的每个阶段的能源消耗和排放物。牛奶的碳足迹分析则相应地需要追踪从奶牛饲养、牛奶生产、包装、运输到最终消费者的整个过程投入与产出相关数据。

再次，评估人员基于清单分析阶段收集的数据进行计算。计算中可能需要用到一些专业的数据库以获得一些背景数据，比如石油开采的数据对塑料瓶制造厂商来说难以获得，那就可以通过数据库或者文献资料获得相关的数据进行计算，比如从文献中查得石油开采的碳排放值作为本次碳足迹计算的上游数据。另外，LCA 的计算和分析可以借助一些软件实现，比如使用 Excel 就比自己手动整理数据并计算要方便和快捷，还可以借助一些专业的 LCA 软件，如 SimaPro、LCA for Experts 等。无论使用什么方式，最终的目的就是将不同温室气体的排放量汇总，并最终用二氧化碳当量表示，得到塑料瓶和牛奶的碳足迹结果。

最后，在进行上述步骤的过程中，对相关步骤和工作进行解释是必须的。比如，在目标与范围的确定时，要详细解释是如何界定此次分析的系统边界的，因为前述例子做的是碳足迹分析，所以选择了"从摇篮到坟墓"的系统边界；但如果本次执行 LCA 分析是针对于产品在生产阶段的碳排放核算，那么系统边界通常就只涵盖生产制造的这个过程。更详细地说，从原材料到生产厂址的运输（运输所产生的碳排放）是否包含在本次分析中，如果包含，是放在原材料提取加工的阶段还是放在生产制造的阶段来考虑，这些细

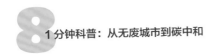

节都要通过有理有据的解释说明来给出。同时，在计算出碳足迹的结果后，还需要对结果进行分析和解读。例如，塑料瓶的生产过程中原材料提取和制造阶段的碳排放最高，根据此结果，可以提出减少碳排放的建议，比如企业可以选择使用再生塑料来减少碳足迹等。

　　同时，垃圾管理技术是一个复杂的体系，因为其中不仅涉及垃圾处理后制备成新产品的技术，还涉及垃圾收集、储运、最终剩余物处置等多个阶段，在储存过程中要小心，避免垃圾中的有害成分（包括酸性物质或重金属等）在储存的过程中渗入土壤或水体，更要避免垃圾在收集和运输过程中滋生的细菌带来安全和健康问题，所以垃圾管理虽然在一定程度上解决了碳排放的问题，但仍然与水、大气和资源消耗及人体健康等多方面因素息息相关。对垃圾管理技术展开生命周期评价，有利于识别最环保的垃圾处理技术。以塑料瓶为例，LCA可以比较填埋、焚烧和回收的能源消耗、污染物排放和资源利用效率。填埋处理虽然能有效解决大量垃圾堆积问题，但它不仅大量占用土地资源，且塑料瓶在填埋场中的自然分解过程极其漫长，往往需要上百年之久。更为严重的是，填埋过程中有机物的分解会释放温室气体甲烷，对全球气候变化构成显著威胁。相比之下，焚烧技术能够显著减少垃圾体积，并在此过程中产生能量。然而焚烧同样会产生二氧化碳等温室气体以及包括二噁英在内的有害物质。若焚烧技术不够先进或管理不当，这些有害物质可能逸散至空气中，对公众健康构成潜在威胁。而通过回收，废旧塑料得以重获新生，被加工成新的产品，从而降低了对新原材料的依赖。尽管回收过程本身也需消耗能源，但与直接生产新塑料相比，其能源消耗和污染物排放均显著降低。利用LCA可以支持垃圾以更环保的方式进行处理，如以材料的方式进入物料循环，成为可持续供应链的一环，从根本上解决垃圾的问题，建设安全、绿色的无废城市。

12. 无废城市与碳中和的关系是什么？

　　当人们听到"无废城市"这个词，大多数人可能都会简单地想到"无"的意思是"没有"，"废"的意思是"垃圾"，那么整个词就会被认为是"没有垃圾的城市"的意思。其实不然。"无废"（zero waste）的概念于 20 世纪 70 年代被提出，最早用于解决化工行业的资源回收和使用问题。"无废城市"并不是没有固体废物产生，也不意味着固体废物能完全资源化利用，旨在最终实现整个城市固体废物产生量最小、资源化利用充分、处置安全的目标。

　　现在，"无废城市"是以创新、协调、绿色、开放、共享的新发展理念为引领，通过推动形成绿色发展方式和生活方式，持续推进固体废物源头减量和资源化利用，最大限度减少填埋量，将固体废物环境影响降至最低的城市发展模式，也是一种先进的城市管理理念。一般来讲，无废城市要坚持"四可原则"，即可见，可减，可用，可消。"可见"就是全过程监控，把所有废物置于监管之下，彻底杜绝废物无组织排放。"可减"就是源头减量，缓解环境压力。"可用"就是通过各种方法进行废物的循环利用，变废为宝。"可消"就是最大限度消除废物末端处理的环境影响。

　　打造"无废城市"，要先从源头减量，而源头减量的痛点来自垃圾。大多数的垃圾处理还是以垃圾填埋为主，垃圾填埋场不仅需要大量的土地资源，在填埋的过程中还产生温室效应，加剧了全球变暖。垃圾填埋并没有能够很好地对垃圾进行处理，填埋的垃圾并没有进行无害化处理，残留着大量的细菌、病毒，还潜伏着沼气、重金属污染等隐患，其垃圾渗漏液还会长久地污染地下水资源。这使得我们距离实现碳中和节能减排的目标更加遥远。全民参与，做好垃圾分类，贡献我们力所能及的力量。

　　无废城市是城市碳中和进程中的重要一环。根据 C40 组织的标准，无废城市一般是指这个城市在建筑、交通和工业部门，化石燃料使用产生的温室气体达到净零排放，这个城市所使用的电力达到的温室气体净零排放，要实现城市垃圾处理产生的温室气体净零排

放。以上提到的最后一个标准和我们所讨论的无废城市是高度相关的。城市碳中和的要求对时间是敏感的，一个城市必须通过每年在所有相关范围和边界上证明净零温室气体排放来持续实现碳中和。这就是在要求无废城市建设的工作也要可持续，不是运动式的。